1 氷海と日暈 →p. 39

2 しらせの後を付いてくる海鳥たち

3 フリーマントル港のしらせ →p. 20

4 ラミング見物のペンギンたち →p. 43

5 ざくろ池．ガーネット色の岸辺を歩く →p. 95

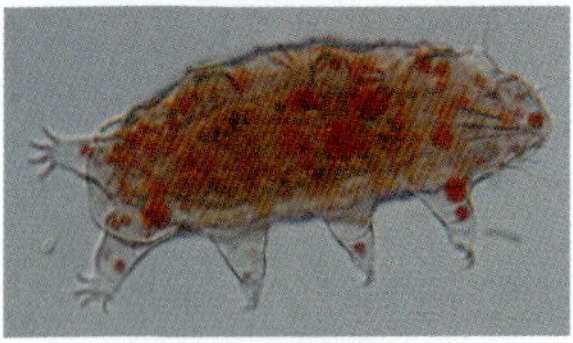

◀6 岩に張り付いた地衣類 →p. 70

▲7 美しいオレンジ色の
地衣類 →p. 70

◀8
オレンジ色のトゲクマムシ類 →p. 102

9 雪鳥池

10 ラングホブデ上空 →p. 64

11 荷物かつぎの私，アベ，タカハシ
（提供：平野淳）→p. 90

12 いちじく池で採水

13 オレンジ色の水たまり．
周囲は雪ではなく塩 →p. 96

14 彩雲かフェニックスか →p. 167

15 不思議な氷の造形

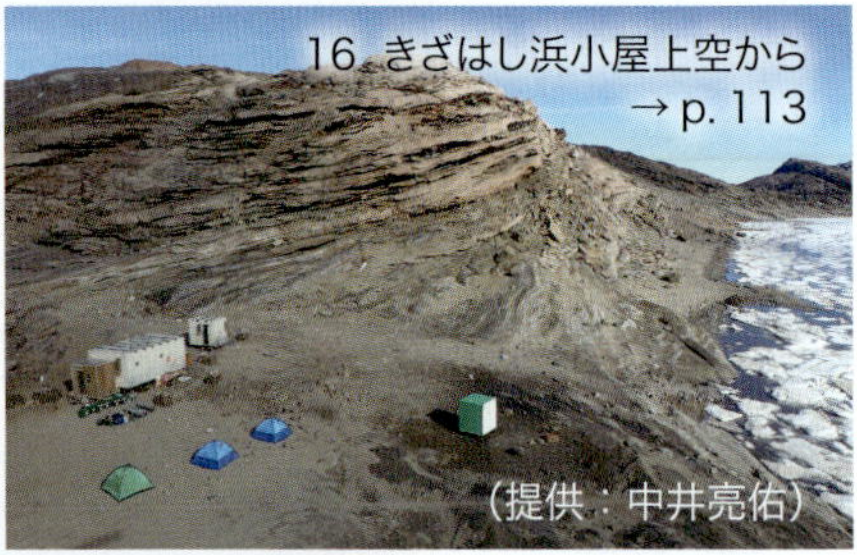

16 きざはし浜小屋上空から →p. 113

（提供：中井亮佑）

17 円形劇場のような「きざはし」 →p. 113

18 アデリーペンギンのルッカリー →p. 120

▲19
赤く染まるシェッゲ
→ p. 113

◀20
ブリザードの翌々日

21 スカルブスネス親子池の夕焼け → p. 178

▲22
椿池にせまる氷河.
湖面のボート
→p. 194

◀23
コケ群落 →p. 128

24 薔薇色の壁で →p. 203

25 迷子石 →p. 95

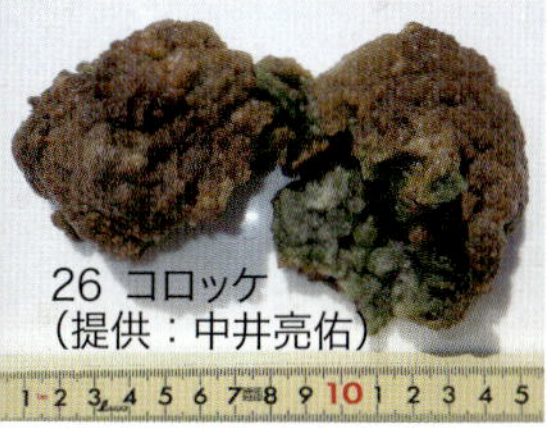

26 コロッケ
（提供：中井亮佑）

27 イシクラゲ →p. 192

28 コケが多すぎる！ →p. 195

29 あやめ池と周辺の湖沼群．
遠方に氷の海 →p. 203

30 ナンキョクフルマカモメの飛翔 → p. 38

31 こんにちは，アザラシさん → p. 224

32 しらせから見えたグリーンフラッシュ

33 さよならペンギン（コウテイペンギン）

クマムシ調査隊、南極を行く！

鈴木 忠

岩波ジュニア新書 899

プロローグ

三月初旬、いまだ厳冬期の乗鞍高原《のりくら》。灰色の空は細かい雪をまき散らしているが、幸い吹雪《ふぶき》にはならなさそうな、まだ明るい午後だった。

落葉松《からまつ》に囲まれた白く広い雪原《せつげん》のあちらこちらで、何十人もの人たちが不器用な手つきで雪を掘《ほ》っている。雪のブロックを積んで、冷たい風を防ぐ壁《かべ》にしている人たちがいる。壁の中では、二人が横になれるだけの広さの穴を掘り、そこにツェルトを張《は》る。これから一晩、寒く長い時間を過ごす準備をしているのだ。その群れの中に、私もいた。

ツェルトというのは薄《うす》くて軽い簡易テントだ。携帯に便利なので、ザックに入れておけばいざという時にビバーク(野外で夜明かし)するために役立つ山道具である。学生時代、私が好んで読んだ山の本には、このツェルトがよく登場した。独り静かに山を彷徨《ほうこう》する主人公は、日が暮れると、ハイマツの陰《かげ》や岩棚《いわだな》などでツェルトをかぶって平気で眠ってしまうのだった。

若い頃、私もよく独りで山を歩いていた。そして、できれば私もテントの代わりに軽いツェルトを持って、山の中で気ままな夜明かしをしてみたいと憧《あこが》れていた。しかし、実際にそれを使用したのは、すでに五三歳のこの時、厳冬期の乗鞍の雪原が初めてだった。

この時、私が参加していたのは、第五六次南極地域観測隊の冬季訓練である。これは、南極観測隊の隊員候補となった人たちのための最初の訓練で、関係者の間では「冬訓《ふゆくん》」と呼ばれている。乗鞍高原は非常に寒く、寝袋《ねぶくろ》にもぐって、震えながら長い夜を過ごした。後で聞いた話では、氷点下一四度まで下がったらしい。

同じツェルトの中、隣《となり》の寝袋で寝ていた仲間は、翌朝「寒くて眠れなかった」と言った。私より先にグーグー眠ってしまったのに……。彼は五六次隊の二名の調理隊員のうちの一人で、日本料理のプロフェッショナルだ。ちなみにもう一人の調理隊員は、フレンチのシェフだ。

南極と聞けば映画『南極料理人』を想像する人もあるだろう。実際、私たちが雪の中で遭難《そうなん》に備えた訓練をしている最中に通りがかった女性三人組の反応は次のようなものだった。

「皆さん何してるんですか？　え！　南極の訓練ですって！」

「ちょっと、南極観測隊よ！」

「きゃー！　南極料理人さんはどこ？」

というような具合だった。そんな人気者の南極料理人と同じツェルトにくるまったわけだが、その料理を味わう機会など私にはほとんどないことを、この時はまだ知らない。また、南極の夏は意外に暖かいので、越冬《えっとう》しない夏隊員にとっては、結局この冬訓が一番寒いということも、後からわかった。

さて、自己紹介が遅《おそ》くなった。私は大学でクマムシの研究をしている。これは緩歩動物門《かんぽどうぶつもん》に入る非常に小さな動物で、体長は一ミリにも満たないので、観察するには顕微鏡《けんびきょう》が必要となる。そのレンズをのぞくと、四対《つい》八本の脚《あし》でノコノコと歩く姿に、思わず「カワイイ……」とつぶやくことになる。その脚には昆虫のような節《ふし》がなくプニプニしていて、節足《せっそく》動物とは別のグループとなっている。くわしくは、私の著書・岩波科学ライブラリー『クマムシ?! 小さな怪物《かいぶつ》』を読んでほしい。

そんなムシを研究している私が、どうして南極へ行くことになったのか。それをお話しする前に、南極の自然やその探検の歴史について、第1章で簡単におさらいしておこう。

南極と調査地周辺の地図

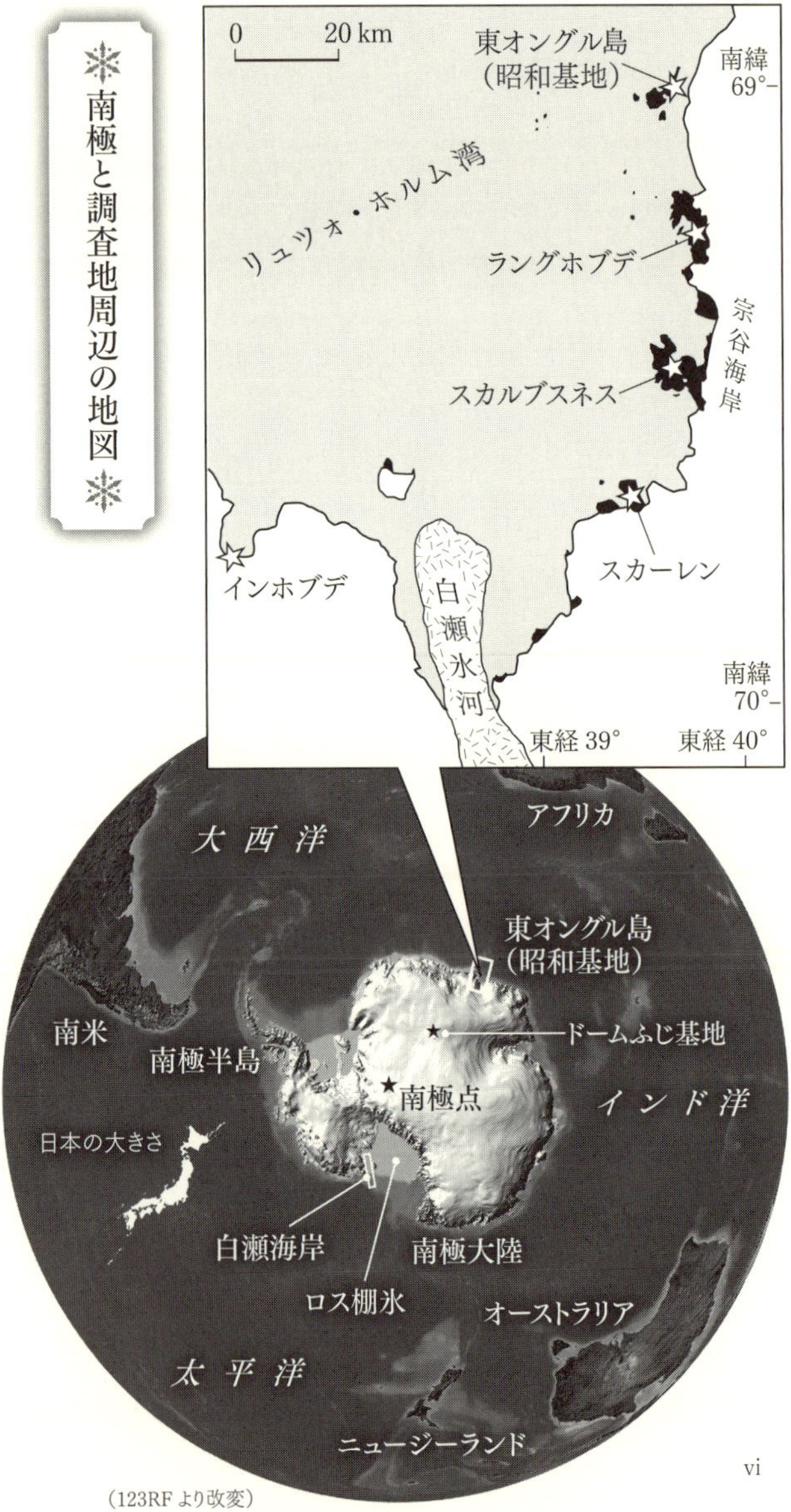

（123RF より改変）

目次

場 生 物

ミウラさん

第56次南極地域観測隊の越冬隊長。南極は7回目で、専門は地形学。

私

クマムシの研究者。普段はチューさん、あるいはスズキさん、南極野外では「課長」とも呼ばれる。

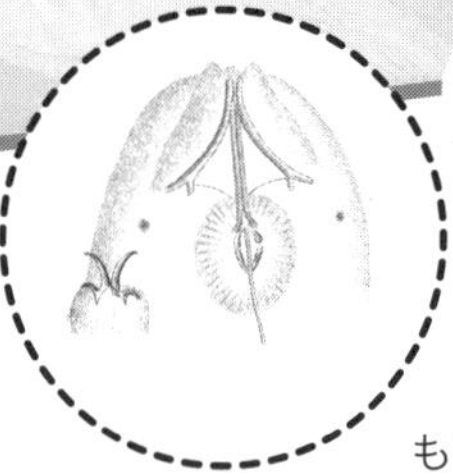

クマムシ

とても小さな動物。ムシと言っても昆虫ではなく、クモやダニと同じ8本足を持つが節足動物でもなく、緩歩(かんぽ)動物門として独立したグループを作っている。小さいので普段は目にすることはないが、身近な道端のコケの中から見つかるほか、土壌中、湖沼などの水底、砂浜や海底の砂のすき間など、深海から高山までの様々な環境に多様な種が適応して暮らしている。2019年現在、およそ1300種が知られていて、日本からは170種ほどの報告がある。

おもな登

ツジモト隊員

第56次南極地域観測隊、陸上生物チームのメンバー。いつも大きな笑い声を周囲に響かせている。大学院生時代、第49次夏隊に参加し、南極の外来生物問題を研究して博士号を得た。今回はいよいよクマムシがテーマ。

ナカイ君

第56次南極地域観測隊、陸上生物チームのメンバー。極限環境バクテリアの研究者。大学院生時代から世界各地の秘境を歩いてきたフィールドの達人(?)。

ヒラノさん

環境省の行政官。南極での観測隊の行動を査察し、また昭和基地周辺の環境調査を行うため派遣された。南極に来るまでは、国立公園の自然保護官として暖かい南の島にいた。

写真
鈴木 忠

第1章
なぜ南極なのか？

ジェームズ・マレー

どんな所か

まず南極の場所を地球儀で確認してみよう。地球儀をくるくる回した時、その回転軸(自転軸)が南側に突き出る部分が南極点(南緯九〇度)である。この南極点を中心として南緯六六度三三分までの地域が南極圏と呼ばれ、そこでは夏に太陽が地平線に沈《しず》まない白夜《びゃくや》となる。南極大陸はほぼすべてが南極圏の円内に収まる。

また現在、南極はいずれの国にも属さず、日本を含む複数の国によって学術調査が行われているが、その「南極地域」の平和的利用を定めた「南極条約」(コラム1-1参照)は「南緯六〇度以南の地域」に適用されている。

現在の南極は、地球の南の果ての氷の世界だ。しかし、二億年前の中生代の頃には、南極は現在のアフリカや南米、オーストラリアなどが集まっていた超大陸・ゴンドワナ大陸の一部で、植物が豊かに生《お》いしげり、そこには恐竜も歩いていた。その後、この超大陸が分裂し、インドは北へ移動し、アジアに衝突してヒマラヤ山脈を生み、南極は地球の南端へと移動していった。そして、およそ三〇〇〇万年前には現在の位置に落ち着き、氷の世界へと変わった。

日本の南極観測の拠点、昭和基地は東オングル島という島にあり、月平均気温は二〇一八年一月（夏）が氷点下一・〇度（最低氷点下九・〇度、最高五・二度）、同年七月（冬）が氷点下一七・九度（最低氷点下三二・三度、最高氷点下五・一度）だった。内陸で標高三八〇〇メートルのドームふじ基地の月平均気温は夏でも氷点下三五度、真冬は氷点下七〇度という寒さとなる。

これまでに記録された地球の最低気温として、南極ボストーク基地（ロシア）で一九八三年七月に測定された氷点下八九・二度が知られていたが、最近の自動観測によって、南極の高地の気温は氷点下九四度にも下がるらしいと報告されている。

南極大陸の周囲には冷たい海水がある。それが赤道寄りの暖かい海水とぶつかる場所は「南極収束線《しゅうそくせん》」と呼ばれ、およそ南緯五五度付近で南極を取り巻いている。そのあたりの地上では大気循環《じゅんかん》の境界があって強風が吹き、海は荒《あ》れ狂《くる》う。その様子は「吠《ほ》える四〇度、狂う五〇度、叫《さけ》ぶ六〇度」などと呼ばれる。南極はただ寒いだけでなく、そのような環境の中で孤立《こりつ》しているのだ。

❄ コラム1-1　南極条約

一九五九年一二月に日本を含む一二か国により採択され、一九六一年六月二三日から発効した条約で、一四か条からなる。前文では「南極地域がもっぱら平和的目的のため恒久的に利用され、かつ、国際的不和の舞台又は対象となってはならないことが、全人類の利益」と書かれ、第一条で次のように定められている。

一　南極地域は、平和的目的のみに利用する。軍事基地及び防備施設の設置、軍事演習の実施《じっし》並びにあらゆる型の兵器の実験のような軍事的性質の措置《そち》は、特に、禁止する。
二　この条約は、科学的研究のため又はその他の平和的目的のために、軍の要員又は備品を使用することを妨げるものではない。

現在(二〇一九年)、南極条約締約《ていやく》国は五三か国である。この条約により、科学的調査の自由と国際協力が謳《うた》われた。この条約により南極における領有権の主張は凍結されているが、ただし、これまで主張されたことのある領有権を放棄する意味ではない。条約の有効期間内は、新たな領有権主張はできないことになっている。ここで定められた三〇年の期限は過ぎているが、いまだに南極条約の再検討の動きはなく、現在でも有効となっている。なお、南極条約のもとで一九九八年に発効した「環境保護に関する南極条約議定書」は二〇四八年まで有効となっている。

氷の世界で暮らす生物

さて、そんな孤立した氷の世界の南極なのだが、そこに今でも暮らす生物たちがいる。

もしかして読者の中に、南極大陸の白い氷原をシロクマが歩いている風景を想像する人はいないだろうか？　ペンギンとシロクマが会話したりとか……。もちろんそれはあり得ない。シロクマとはホッキョクグマのこと、つまり北極の動物だから、南極にはいないのだ。ペンギンやアザラシを思い浮かべる人も多いだろうが、その住処《すみか》はもっぱら海上なので、南極の「陸上生物」とは言い切れない。では、南極大陸の陸上生物にはどんなものがいるのだろうか。

南極にシロクマはいないが、クマムシがいる。しかも、とてもたくさん。ただし顕微鏡《けんびきょう》を使わなければ見えない。じつはクマムシは南極大陸の代表的な動物なのである。現在の南極には大型の植物は生えていないが、コケ（蘚類《せんるい》や地衣類《ちいるい》）の仲間はかなりたくさん生息する。コケが生えていれば、そこを住処とするクマムシや、センチュウやワムシなどの微小生物も見つかる。

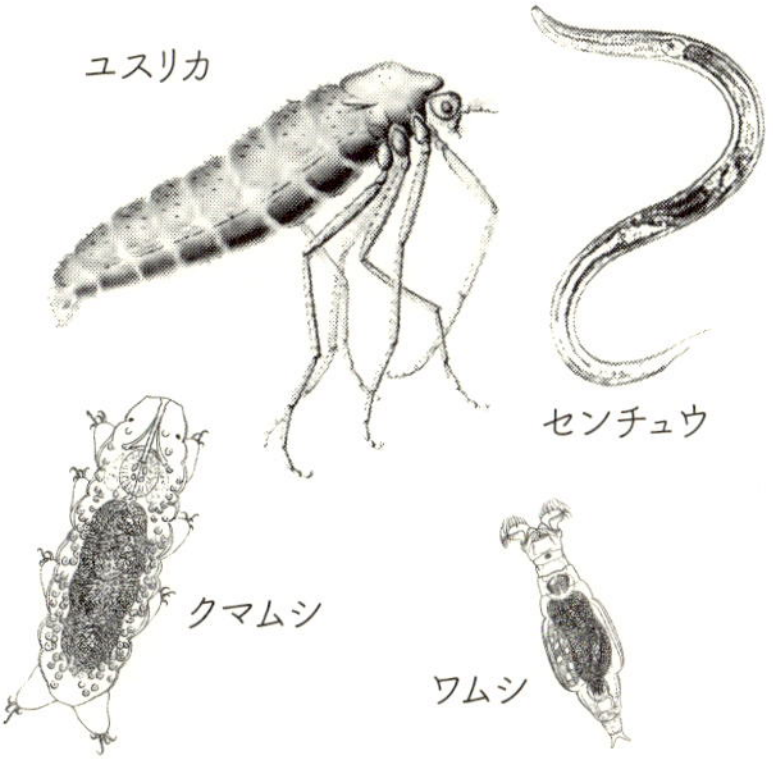

図1–1　南極の代表的な陸上生物

また節足《せっそく》動物ではダニやトビムシがおり、南極半島ではナンキョクユスリカという昆虫も知られていて、体長五ミリ程度のこの虫が南極のもっとも大型の陸上動物である（図1－1）。

いや、違った！　もっと大きいのがいる。二〇世紀に入る頃から、ヒトという動物が南極大陸上に出没するようになったのである。

表 1-1 「英雄時代」の南極遠征隊

船名	国名(実施年)	隊長
ベルジカ	ベルギー(1897–99)	ド・ジェルラシ
サザンクロス	イギリス(1898–1900)	ボルクグレヴィンク
ディスカバリー	イギリス(1901–04)	スコット
ガウス	ドイツ(1901–03)	ドリガルスキー
アンタークティク	スウェーデン(1901–04)	ノルデンショルト
スコシア	スコットランド(1902–04)	ブルース
フランセ	フランス(1903–05)	シャルコー
ニムロド	イギリス(1907–09)	シャクルトン
プルクワ・パ?	フランス(1908–10)	シャルコー
開南丸	日本(1910–12)	白瀬矗
ドイチュラント	ドイツ(1910–12)	フィルヒナー
フラム	ノルウェー(1910–12)	アムンセン
テラノバ	イギリス(1910–14)	スコット
オーロラ	オーストラリア(1911–14)	モーソン
エンデュアランス	イギリス(1914–16)	シャクルトン

南極探検の英雄時代

地球の南の果てにあると信じられていた「テラ・オーストラリス（南方大陸）」を探し求めて、ジェームズ・クックは一七七三年、人類史上初めて南極圏へ入った。その後、南極大陸の存在が初めて確認されたのは一八二〇年である。サザンクロス遠征《えんせい》（一八九八〜一九〇〇）において、ボルクグレヴィンクらは一八九九年から翌年にかけて南極大陸上で初の越冬《えっとう》をした。

一九世紀末から二〇世紀初頭の約二〇年間は、多くの遠征隊が毎年のように繰り出され（表1−1）、「南極探検の英雄時代」と呼ばれている。

南極探検の一つのゴールは南極点で、最初にそのゴールに立ったのがアムンセンだったことはよく知られている。アムンセンに先を越された二番手になったスコットら五名が、南極点からの帰路に全滅した悲劇も有名で、一九一二年のことだった。

この年には、白瀬《しらせ》矗《のぶ》による日本最初の南極探検も行われ(図1－2)、そのキャンプ地一帯は大和雪原《やまとゆきはら》と命名された。白瀬が上陸したと思っていたのは、実際にはロス海棚氷《たなごおり》の上だったのだが、ロス海北東部の「白瀬海岸」や、大陸の反対側、昭和基地のあるリュツォ・ホルム湾《わん》の奥にひろがる「白瀬《しらせ》氷河《ひょうが》」という地名は彼の名からとられている。

図1-2　白瀬矗(上，前列中央)と，白瀬が使用した木造帆船・開南丸(下)

一番乗り競争

では、南極大陸を最初に発見したのは誰《だれ》なのだろう？　一八二〇年に、三つのグループがほぼ同時に見つけたとされている。ロシア海軍のベリングスハウゼン、イギリス海軍のブランスフィールド、そしてアメリカのアザラシ漁師パルマーだ。同じ条件で陸上競技や水泳の記録を競うの

図 1–3　スコット

とはわけが違うので、誰が一番かを決めるのは難しい。

では、最初に南極大陸に足跡《あしあと》を残したのは誰か、というような話を調べると、これまたいくつかあるようだ。最初の越冬をしたサザンクロス隊でも、ボルクグレヴィンクたちの間で「誰が一番乗りか？」という、という情けなくも醜《みにく》い争いになったらしい。

南極点到達の一番乗りは、ノルウェーの探検家ロアール・アムンセンら五名で一九一一年一二月一四日のことだった。その一か月あまり後、一九一二年一月一七日に、イギリスのテラノバ号南極遠征隊の隊長ロバート・F・スコットら五名も南極点に到達したが、その帰路に全員死亡するという悲劇が起きた（図1－3）。

ノルウェー隊が犬ぞりをうまく使ったのに対し、スコット隊は馬と発動機付きそりがうまく機能しなかったことなどのほか、アムンセンの目的がもっぱら南極点到達にしぼられていたのに対し、英国隊のおもな目的は南極の学術調査だったことが、大きな違いだった。スコットらは、死ぬ間際まで、重い計器や大量のサンプルを積んだそりを人力で運んでいたのだ。

スコットはイギリス海軍軍人で、悲劇の一〇年前にも南極探検隊を指揮していた。それがディスカバリー号による遠征(一九〇一～〇四)で、大英帝国で最初の「国立」の南極遠征隊である。この時代、国の威信《いしん》をかけた遠征をする意義は、一番乗りした土地の領有宣言と、その土地の様々な情報探索である。測量、気象観測、岩石や生物試料の採集など、各国の遠征隊は可能な限りの研究活動も行っていた。その他の遠征隊も多かれ少なかれ学術調査を行っており、大日本帝国陸軍の軍人だった白瀬も「大和雪原《やまとゆきはら》」の領有宣言をしただけではなく、観測活動も行った。

英雄時代に始まったクマムシ研究

さて、世界で初めて「クマムシ」という動物が発見されたのは一七七三年で、奇《く》しくもクック船長の南極圏突入の年だ。現在でも通用する最初のクマムシの学名(世界共通の名前、くわしくは**コラム1－2参照**)は *Macrobiotus hufelandi* Schultze, 1834 である。そして南極から発見された最初のクマムシは *Macrobiotus antarcticus* Richters, 1904 である。この種は、現在では別属に移され *Acutuncus antarcticus* (Richters, 1904)という学名になっている。種小名《しゅしょうめい》の *antarcticus* は「南極の」という意味で、私たちがナンキョククマムシと呼ぶのはこの種のことだ。

ドイツのフェルディナント・リヒタースが一九〇四年に命名したクマムシは、ガウス号のドイツ南極遠征隊が発見したガウス山のコケから見つかったものだ。次いで一九〇六年に、スコットランド人のジェームズ・マレーは、スコシア号によるスコットランド南極遠征隊が南極半島北西

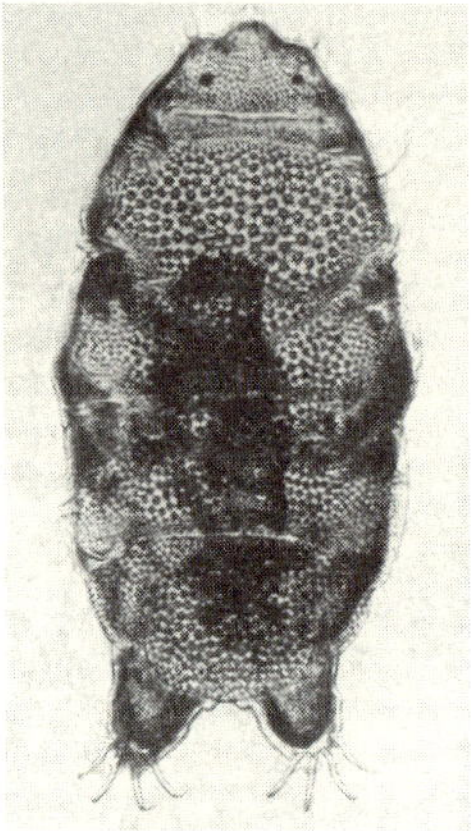

図1-4　日本で最初に発見されたクマムシ（*Echiniscus elegans*）

のサウス・オークニー諸島（南緯六〇度三五分、西経四五度三〇分）から持ち帰ったコケから六種類のクマムシを見つけ、そのうち三種を新種として発表している。

リヒタースはドイツのゼンケンベルク自然史博物館の甲殻類《こうかくるい》部門の教授だったが、五〇歳を過ぎた一九〇〇年からクマムシに熱中し、多くのクマムシを命名・記載した。その初期一九〇四年に、ナンキョククマムシが発表された。一九〇八年には、スウェーデン隊がアンタークティク号で持ち帰ったコケからクマムシを報告し、引き続いて一九〇九年にも、ディスカバリー号によるイギリス国立遠征隊が持ち帰ったコケからクマムシを報告した。

リヒタースは、日本のコケから初めてクマムシを記載した人でもある。彼は長崎からドイツに送られたコケからエキニスクス・エレガンス *Echiniscus elegans* というクマムシ（図1-4）を一九〇七年に報告している（この種は二〇一八年に新属 *Stellariscus* に移された）。

一方、マレーはニムロド号南極遠征隊（一九〇七〜〇九）のメンバーとして自ら南極へ行き、その結果について一九一〇年に詳細な論文として発表した。彼は多くのワムシやクマムシを発見し命名した重要な研究者なのだが、その業績もさることながら、彼の人生を知ると、英雄時代に生きた人だったんだ、と実感する。マレーとリヒタースは、同じ年、一九一四年に亡くなっている。

コラム1-2　種の学名

動物分類学では、種の学名(世界共通の名前)をラテン語による二名法(属名+種小名)で付ける決まりになっており、日本人の名前が(姓《せい》+名)でできているのに似ている。通常この二語は斜体《しゃたい》で表示され、その後に続く正立体の語と数字は命名者と命名年である。

分類研究が進むにつれ、属が分けられて、新たに設けられた属に移されると、種小名はそのまで属名が変更される(姓が変わっても名は変わらないのに似ている)。その場合、最初の命名者と命名年はカッコ書きとなる。命名者と命名年はしばしば省略される。

生物学者マレーの生き方(または、死に方)

ジェームズ・マレー(本章扉絵)は一八六五年七月二一日にスコットランドのグラスゴーで生まれた。彼はグラスゴー大学で動物学、グラスゴー美術学校で彫刻を学び、彫刻家として二五歳でグラスゴー近郊のハミルトンに定着した。二七歳で学校教師メアリーと結婚後、フィールド・クラブの化石採集などに参加するうち、三一歳でグラスゴー自然史協会のメンバーとなった。

彼の最初の研究発表は一八九八年のコケに関するものだったが、その後、ワムシやクマムシなどを精力的に研究し、一一三種のワムシと六六種のクマムシを記載した。スコットランド湖沼《こしょう》調査のメンバーとしてクマムシなどを記載した研究が縁《えん》となって、ニムロド号南極遠征メンバーに推薦《すいせん》された。

彼は一九一三年の夏、カナダ北極探検の海洋学者としてカールーク号に乗り組み、北極海の海底生物を研究した。ところがこの船がほどなく氷に閉じ込められてしまい、ステファンソン隊長たち六名が一二頭の犬ぞりで狩猟に出たまま姿を消す。一説には彼は船と仲間二五名を見捨てたとも言われ、実際、その後も独自行動で北極探検を続けた。

船は五か月近く氷中で漂流した後に難破・沈没し、氷上でのキャンプ生活となる。近くの島へ活路を求めて船長が行かせた四名の先発隊は戻らず、マレーはほかの三名とともに船長とは別行動に踏《ふ》み切《き》る。

そして一九一四年二月五日、キャンプを出たまま行方不明となった。享年《きょうねん》四八歳。彼を含めて一一名が命を失い、一四名が救出された。

ちなみに、この北極探検に同行して生還したイヌピアク族の家族(両親と二人の女の子)の目から見たカールーク号の北極探検記『氷の海とアザラシのランプ』(マーティン文、クロムス絵、千葉茂樹訳、BL出版)という絵本はおすすめだ。ここにマレーの話題が出てこないのは残念なのだが、苦境にめげない朗《ほが》らかな家族の物語は、ほのぼのとしてすばらしい。

また、ニムロド遠征の隊長・シャクルトンが後年に行った南極遠征での遭難《そうなん》と生還の物語『シャクルトンの大漂流』(岩波書店)と『エンデュアランス号漂流記』(中公文庫)も、ぜひ、読んでいただきたい。

日本の南極観測

二度にわたる世界大戦が過ぎ、日本も焼け野原から立ち上がりつつあった一九五五年、国際地球観測年(ＩＧＹ一九五七～五八)の南極観測への参加が閣議《かくぎ》決定され、文部省(現・文部科学省)に「南極地域観測統合推進本部」が置かれた。第二次世界大戦の敗戦国・日本の参加に反対する国もあったが、日本はこのＩＧＹでの南極観測実施一二か国の一つとして国際舞台に立つことになったのだった。

日本の担当区域として与えられたのは、南アフリカからもオーストラリアからもはるか四〇〇〇キロも離《はな》れており、当時、「到達が困難」と考えられていた地域だったのだが、日本はめげなかった。白瀬から半世紀近くたってから、日本の南極観測が本格的に始まり、日本南極地域観測隊(Japanese Antarctic Research Expedition)略してＪＡＲＥ《ジャーレ》の第一次隊(一九五六～五八)が、一九五七年一月に昭和基地を東オングル島に建設したのである。

図 1-5　西堀栄三郎と犬たち
(極地研アーカイブより)

第一次越冬隊の隊長・西堀栄三郎《にしぼりえいざぶろう》が著した『南極越冬記』(岩波新書)は、必読の書だ。日誌を基にしたそっけない文体の中から、南極の風景だけではなく、様々な難しい人間模様が浮かび上がる(図1-5)。一年間の苦労の末、最後の場面では、そりをひくために連れて行かれた多くの犬たちが置き去りにされる。いったい何があったのか、ぜひ読んで考えていただきたい。

昭和基地ができて以来、宙空圏《ちゅうくうけん》(電波やオーロラなどの情報)、気水圏《きすいけん》(大気、海洋、雪氷などの情報)、地圏(地形や地殻《ちかく》の情報)、生物圏(生態系の情報)など多方面の観測が続けられてきた。地球上の生物を紫外線《しがいせん》の危険にさらすオゾンホールという現象を世界に先駆けて発見したのは、第二三次隊(一九八一～八三)の成果で、一九八三年と一九八四年の国際会議で発表された。

昭和基地周辺のクマムシ

ところで、氷の国で暮らす小さな生物たちについては、日本の南極観測でも最初期から研究されていた。一次隊が一九五八年二月に東オングル島の池で採集して持ち帰った藻類《そうるい》から二種のクマムシが発見され、うち一種が新種 *Diphascon ongulensis* (Morikawa, 1962) として報告されている。また、五次隊(一九六〇~六二)が昭和基地南方のラングホブデで採集したコケからは、様々な原生生物のほか、少なくとも三種のセンチュウ、一三種のワムシ、六種のクマムシの存在が報告されている。その後、一九八〇年代にも、南極から持ち帰られたコケから出てきたクマムシについて、三つの論文が公表された。

「南極クマムシ調査隊」

さて、私は二〇〇〇年以来クマムシを研究しているが、その中でも特に興味を持ってきたのは、陸上のコケに棲《す》むオニクマムシの仲間と、海岸や海底の砂の中に棲む海のクマムシの仲間だ。オニクマムシは、クマムシの生物学的な解説や研究の歴史について記した『クマムシ?! 小さな怪《かい》物《ぶつ》』でも紹介したが、私が研究開始当初から飼育してきたクマムシだ。普通に見られる種にもかかわらず名前がはっきりしないままだったのだが、今年(二〇一九年)ようやく *Milnesium inceptum* という学名で、新種記載された。

クマムシ研究をするうちに、「昭和基地近くのコケからクマムシが出てきて殖えている」という情報を研究者仲間からいただき、ナンキョククマムシが飼育できることが判明した。そして、その形態と遺伝子配列を明らかにして、南極関係者と一緒に論文を書いたりするうちに、南極の陸上生物研究と深く関係することになっていった。

昭和基地の南方にあるラングホブデ産クマムシの半世紀前のリストにはオニクマムシも含まれており、当時は新種とはされていなかったのだが、とても興味深い形の爪《つめ》を持っているらしい。ぜひ誰かが新たな標本を確保してきちんとした論文にしなければ、という気持ちになり始めた。

そんな頃……。

「スズキさんも、そのうち南極に行かなきゃね」

とイムラさんが言った。彼は国立極地研究所(以下、極地研)の生物研究チームを率いるリーダーである。

「そりゃ、行きたいですよ。でもなぁ、南極の夏って、日本の冬ですよね……」

冬から春にかけて、日本の年度末は、どの仕事もそうだろうが、やたらとあわただしい季節である。私は大学の教員で、大学も学生の成績判定や入学試験などで鬼のように忙《いそが》しい。南極に行かせてもらえることになりましたので、どうぞよろしくお願いします、と言って簡単に話が進むものではないのだ。

しかし幸いにも大学から半年間の研究休暇をもらえることになり、私は第五六次南極地域観測隊(二〇一四〜一六)の夏隊員となった。JAREで初めて、クマムシ研究者が派遣《はけん》されることになったのだ。私のほかに、極地研のツジモト隊員もクマムシ研究のため加わる。彼女は四九次隊にも参加しているが、その時の研究対象は植物だった。もう一人、国立遺伝学研究所でバクテリア研究をしているナカイ君も同行者として加わり、今回の陸上生物チームは三名となった。クマムシが二名、バクテリア一名。多数決で、我らのチームを『南極クマムシ調査隊』と自称することにした。

南極観測隊の輸送を行う船は、海上自衛隊の砕氷艦《さいひょうかん》「しらせ」である。初代「宗谷《そうや》」(第一次〜六次隊)は海上保安庁の運用だったが、第二代「ふじ」(第七次〜二四次隊)から海上自衛隊が運用している。第三代は「しらせ(初代)」(第二五次〜四九次隊)。第五〇次隊はオーストラリアの「オーロラ・オーストラリス」によって輸送され、そして第五一次隊から、二代目「しらせ」が活躍している。

「しらせ」に乗る第五六次隊のメンバーは、越冬隊が二六名、夏隊が二七名の隊員と同行者一八名の計七一名である。同行者には、隊員を支援する技術者や研究者、大学院生、環境省行政官、南極授業担当の小学校と中学校の教員、トルコからの交換科学者と、ニュージーランドからチャーターした観測隊ヘリコプター二機の乗員五名などが含まれる。さらに、総勢約一八〇名の海上自衛官が乗り組み、艦の運用および観測活動の支援を行う。

ＪＡＲＥには「しらせ」のほかに東京海洋大学の練習船「海鷹丸《うみたかまる》」で南氷洋《なんぴょうよう》の海洋観測を行う別働隊があり、そちらの五六次隊メンバーは同行者を含めて一六名である。

さて、次章では、いよいよ南極へ出発する。

コラム1-3　南極観測隊への入り口

読者の中にはきっと、「南極観測に参加したい」と思う人がいるだろう。まずは国立極地研究所の『南極・北極科学館』のホームページを訪ねてみよう。

ここの質問コーナー(*)はとても充実していて、南極・北極に関するさまざまな疑問に答えてくれる。また、極地研のホームページ(**)を探索すれば、中高生向けの『南極・北極科学コンテスト』で、実験・観測のアイデアが募集されているし、観測隊に関して多くの情報が公開されている。隊員に関する公募情報もここで得られる。極地研や気象庁・海上保安庁・国土地理院など、基本的な観測を担当する機関からは頻繁《ひんぱん》に隊員が派遣されている。

研究者としての入り口もいろいろだが、総合研究大学院大学の大学院生として極地研で研究教育を受ける、というコースが近道かもしれない。どれも「狭き門」だが、門は開いている。

*　https://www.nipr.ac.jp/science-museum/qa/index.html

**　https://www.nipr.ac.jp/index.html

第2章

砕氷艦《さいひょうかん》「しらせ」の旅

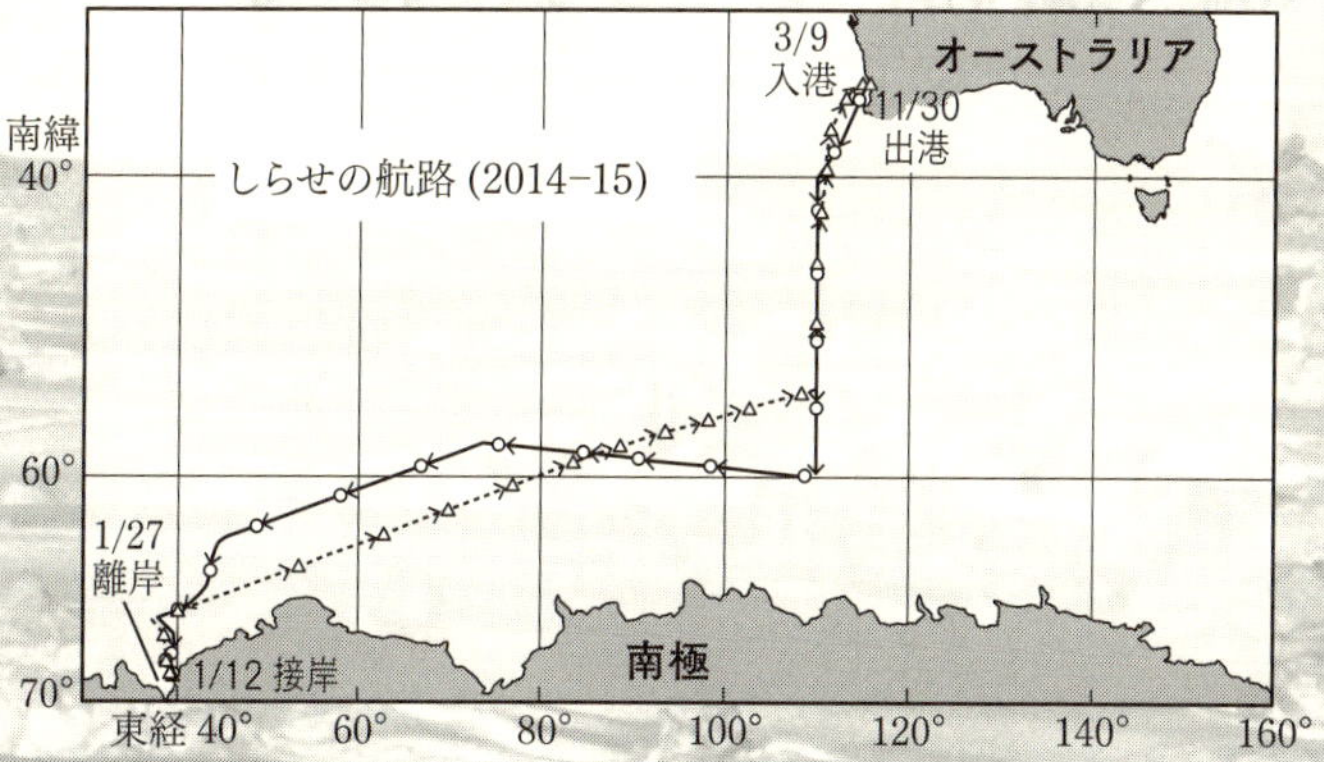

（国立極地研究所「進め！ しらせ」サイトより改変）

図2-1　しらせが出港する(東京・晴海)

南極への船出

第五六次南極地域観測のため、砕氷艦「しらせ」(図2-1)は東京の晴海《はるみ》埠頭《ふとう》を二〇一四年一一月一一日に出港し、二週間の航海の後、一一月二五日にオーストラリア西岸のフリーマントル港に入港した。観測隊員たちは日本からオーストラリアまでは飛行機で行く。

一一月二五日の夜に成田空港を出発してシドニーを経由し、翌日の昼過ぎにパースに到着した。フリーマントルへは、パースからバスに乗って四〇分ほどである。私たちはそこで「しらせ」に乗艦した(口絵3)。

観測隊員が「しらせ」に乗っても、すぐに南極に向けて出港するわけではない。オーストラリアでは、最後の荷積み作業がある。ここを出港すると、来年の三月までは補給がないのだ。生鮮食料品を積み込み、オーストラリア産のワインなどを積み込む。個人的に現地のスーパーで色々な買い出しをする隊員もいる。もちろん「しらせ」自身も、最後の燃料補給をする。

補給のほか、現地での国際交流も「しらせ」の果たすべき重要な任務である。艦長と隊長たちはオーストラリア海軍司令やフリーマントル市長を表敬訪問し、パースの日本人学校の生徒たちが艦内見学に訪れたりする。その子どもたちからお見送り会として、甲板《かんぱん》で歌とソーラン節が披《ひ》露《ろう》された。また夜には、パースの西豪州日本人会忘年会に招かれた。

長い長い船旅が始まる

フリーマントルでの作業と、つかの間の休暇が終わり、いよいよ「しらせ」は南極へ向けて出港する。目的地は昭和基地だが、途中《とちゅう》の海洋観測も重要な任務である。

往路《おうろ》では、まず東経一一〇度線に沿ってまっすぐ南下し、南緯四〇度、四五度、五〇度、と五度毎《ごと》に停船して、海水の成分や生物に関する定点観測をする。南極の流氷域の手前、南緯六〇度あたりから航路を西向きに変え、昭和基地を目指す。昭和基地の位置はだいたい南緯六九度〇〇分、東経三九度三五分だから、七〇度ほど西に移動するわけだ。

さて、ここで問題。「地球を緯線に沿って一周すると中心角は何度か?」——答えは、円周の一周だから三六〇度。では「地球の自転一回で何時間かかるか?」——これも簡単。一日だから二四時間だ。

それでは「しらせ」が昭和基地まで約七〇度西に移動すると、時差は何時間になるだろうか、考えてみよう。ちなみに、これまで私たちがいたフリーマントルと日本の時差は一時間だ。
一一月三〇日の午前一〇時(日本時間一一時)、「しらせ」はフリーマントルを出港した。一か月近くの航海が始まる。

電子メールが使える

長い船旅の間も、日本と「しらせ」との間では電子メールを使うことができる。容量の制限が厳しいので、大きな画像などを送ることはできないが、文章だけならば問題はない。
私は小学一年生の娘ユリに宛《あ》てて、ひまを見つけてはメールを送った(ユリはまだキーボードを使えないから、ユリからの返事は妻のサナエが打ち込んでいる)。

一二月一日 ユリちゃん、おはよう。七時半頃から少しゆれが大きくなってきました。観測隊公室(食堂と会議室を兼ねた部屋)のホワイトボードに気象データが貼《は》ってあるんですが、そこに「まもなく暴風圏《ぼうふうけん》」という言葉が見えます。もうすぐ今日の日程が始まります。最初は「溺者《できしゃ》救助人員チェック訓練」で、その次に「総員離艦《そういんりかん》訓練」の予定です。

ツジモト隊員が見つからない

船に乗っている時、もっとも注意すべきは「落ちない」こと。もし南氷洋《なんぴょうよう》で海に落ちたら、水は冷たく、まず助からない。また、船に緊急事態が発生した時のため、救命ボートの座席表も準備されている。そんな時に備えた訓練のために、朝から全員が公室に集合し、まず人員確認を行った。あれ、ツジモトさんがいない……。

「ツジモト隊員が見つからない！」

まるで台本があったかのようだが、そこにツジモトさんが駆《か》け込《こ》んできて、

「すみません〜〜〜」

船室で寝ていたそうだ。わっははは。やれやれ。

図2–2　ブリッジ（上）と観測隊公室（下）

「しらせ」の中の生活(1)　船室

船体の最初の甲板は第一甲板と呼ばれ、普通の建物の一階(地階)に相当する。ここから船底に向かって(つまり地下室の)第二、第三甲板には貨物倉庫があって、さらも下層にエンジンや発電機などがある。

第一甲板より上には〇一甲板(飛行甲板)、

図2-3　船室

〇二、〇三、と甲板が重なり、〇五甲板(六階に相当)に艦橋《かんきょう》(ブリッジ)がある、ブリッジは、艦長らが海を見張り、船の指揮をとる場所だ。

私たち観測隊の船室や、食堂と会議室を兼ねた公室などは第一甲板にある。船室は二人部屋で、ベッドと机やロッカーが備わっている(図2-2~3)。

一二月一日(二通目)　パパたちの船室には二段ベッドがあり、パパは上段です。ベッドの横には低い柵《さく》が少しだけありますが、ものすごくゆれたら、ころがって落ちそうな気もします。なんどか南極へ行った人は「そんなにゆれる時には、寝ていられないよ」と言っていましたが、パパは昼ご飯の後、気持ちよくゆれるので眠くなって少し昼寝をしました。あした、あさってと、だんだん低気圧の中へと入って行くことになっています。

今日の晩ご飯は、大きなビーフステーキ、パスタ、いろんな野菜料理、オニオンフライなど、とても豪華《ごうか》で、赤ワインもついていました。ステーキは大きくて、食べきれない人もいました。船酔《ふなよ》いでご飯が食べられない人も何人かいました。パパはいまのところ大丈夫、というより、食べ過ぎです。

時刻帯変更

自衛隊では毎日、各自の時計合わせ(時刻整合)を行う。たとえば午前七時に行う場合、

「まるななまるまるに時刻整合を行う」

「一分前…………、三〇秒前…………、一五秒前……、五秒前、用意」

「時間! まるななまるまるエコー」

という感じである。数字の読み方も独特だが、この場合の最後のエコーというのはアルファベットのEのことで、時刻帯を表す。では、時刻帯とは何だろうか?


一二月一日の夜中二四時に、さっそく時刻帯変更があった。海上自衛隊での言い方では二四:〇〇H(ふたよんまるまるホテル)から二三:〇〇G(ふたさんまるまるゴルフ)への変更で、日本からの時差がマイナス二時間となった(この時刻より早く就寝する人は、あらかじめ時計を一時間戻しておかないと翌日に困ることになる)。

時刻帯というのは、おおざっぱに説明すれば地球を二四に縦切りにしたもので、これにアルファベットが付けられている。以前の標準時だったイギリスのグリニッジ標準時(GMT)をZとし、時差一時間毎(つまり経度一五度毎に)東向きにABC……、と付けていく。この時、Iとまぎらわしい J と、数字の〇《ゼロ》とまぎらわしいO《オー》を省いた二四文字で一日の二四時間に当てはめる。日本はイギリスと九時間差なので、時刻帯は九番目のアルファベットIで表される。

現在、一般にはUTC（協定世界時）が使われ、日本標準時はUTC＋9と表される。GMTとUTCは、実質は同じ時間と考えてよい。

私たちは普段《ふだん》、自分の暮らす土地の時間の中だけで行動している。生物の生活にとって（もちろん人間にとっても）昼と夜の違いは重要だから、現地時間による記録が必要だ。しかし、地球全体の視野でものを考えたり、記録を取ったりする場合には、現地時間ではなく、UTCのほうが都合のよいこともある。今回の長い船旅ではそれを実感することになった。

「しらせ」の中の生活（2） 日課

一二月三日 ユリちゃん、きのうは、夕方からユラユラとゆれて、洗濯機が地震とまちがえて途中でとまってしまいました。今朝もおなじようにゆれています。でも、まだ歩けないほどではありません。パパはとても元気です。さっき当直に人員確認で起こされたところ。

朝の日課は次の通りだ。朝五時四五分、人員確認。当直（観測隊員の当番）が部屋に来て、寝ていてもベッドのカーテンを開けて中を見る。六時五分前、艦内放送「総員起こし、五分前！」。六時ちょうど、放送「総員起こし！」（出港前には起床ラッパが鳴ったが、出港後はラッパなし）。六時〇五分「配食用意」。六時一五分「配食始め！」

今朝は、ご飯とみそ汁《しる》、アサリのつくだ煮《に》、焼豚《やきぶた》マヨネーズのせ、大葉みそ、牛乳。月・木はパン食も選べます。今朝は八時(準備は七時半)から停船観測。これは海洋調査で、パパも見学(手伝い)に行きます。あと色々と会議があります。ヒマな時は、自分の勉強をしています。時々、ツジモトさんとナカイくんと仕事の相談もします。

船のトイレにはおしり洗いも付いています。よく掃除《そうじ》されていて清潔です。使わないときトイレのドアは開けておきます。フックで固定できるようになっていて、船がゆれてもバタンバタンなりません。流す時の水は海水で、大きな水道栓《せん》を回してたっぷり流します。

「しらせ」の中の生活(3)　お風呂《ふろ》

一二月三日(二通目)　ユリちゃん、今日は特に会議などはなく、海洋観測の手伝いをした以外は、原稿書きのための調べものをしています。今、お風呂から上がってきたところです。

航海中のお風呂は海水です。浴槽《よくそう》で温まった後でシャワーを一回流し、シャンプーしてからもう一回流して終わりです。真水《まみず》は海水から蒸留して作りますが、そのために燃料を使います。エンジンを回すための燃料を余分に使ってしまうので、水を使いすぎると帰りの燃料がなくなっちゃいます。日本に帰るためには、帰りの燃料を残しておかなければなりません。その分量を考えながら、氷の海で氷を割りながら南極へ行くんですね。

氷が厚くてなかなか進めないと、たくさん燃料を使って、氷にドシンドシンぶつかって割るんですが、帰りの燃料がなくなる前に止めなければなりません。一昨年と三年前は、氷がなかなか割れず、とうとう昭和基地にはたどりつけなかったのです。

「しらせ」が南極へたどりつけば、パパたちはヘリコプターに乗って生き物を調べるためにもっと遠くへ連れていってもらえるので、パパもお風呂の水を大切に少しだけ使っています。ユリちゃんは、もっと自由に水が使えるけれど、できるだけムダ使いはしないようにね。パパより

たどりつけなかったらどうなるか

船が港に入ると、普通は桟橋《さんばし》に接岸する。しかし昭和基地には港も桟橋もないので、基地のある東オングル島沖の定着氷《ていちゃくひょう》に接岸する。

「しらせ」の役目は、昭和基地との間で隊員と物資を運ぶことだが、そのうち最も重要な任務は燃料を送ることだ。そのため、パイプラインを設置できる距離《きょり》(燃料タンクから一キロ以内)で、氷がしっかりした場所を選んで接岸する。燃料以外の物資は、ヘリコプターによる空輸のほかに、雪上車《せつじょうしゃ》とそりで氷上輸送をするため、氷が薄《うす》すぎても困る。

過去には、観測船が氷にはばまれて基地に接岸できなかったことが何度もある。古くは第二次隊が越冬隊《えっとうたい》を上陸させられず、犬たちが置き去りにされた。最近では五三次、五四次と二年続け

て接岸できなかったため、昭和基地で必要な燃料の備蓄が心配な事態となった。

五四次では接岸できなかっただけでなく、基地周辺の氷が薄く氷上輸送も困難だったため、観測隊のヘリコプターまで物資輸送に転用され、南極調査の計画の多くが中止となった。それでも燃料備蓄が十分回復できず、翌年からの越冬隊が縮小されたのだ。

それまで三〇〜四〇名だった越冬隊が、五五次では二四名となり、通常は二名ずつの医師と調理隊員が一名ずつしか置かれなかった。今回の五六次越冬隊は二六名で、調理は二名となったが、医師は一名のままだ。

しらせ大學《だいがく》、南極大學、しらせ高校

往路の航海中に『しらせ大學』という名前の授業が四日間(計八回)開かれ、私はなぜか「しらせ大學校長」に任命された。対象は「しらせ」乗員の自衛官たちだが、観測隊員も聴講可能で、今後の南極観測のさまざまなテーマを学ぶ。

帰りの船では『南極大學』が開校され、実際の成果などを交えた講演がされる。また、自衛官が講師となる『しらせ高校』では、観測隊員が生徒である。

一二月五日 ユリちゃん、元気ですか。こちらはあいかわらず船酔いもなく元気です。

図2-4　ゾンデの放球

ゆうべ、こちらの時間で夜九時四〇分頃、オーロラが出ました！船の前のほうに、うっすらとカーテンのようなモヤモヤがたれ下がっていました。目で見ると、よく写真で見るような緑色にはあまり見えず、もっと白っぽい感じです。行きの船で見えるとは聞いていなかったので、すごくびっくりしました。

今日から四日間、「しらせ大學」です。毎日二人ずつの先生が「しらせ」乗組員の自衛官の人たちにお話をします。パパは校長先生なので、今日はきちんとスーツを着てあいさつをしました。最初は観測隊長、二人目は気象庁の人でした。話が始まる前、パソコンの画面がなかなか映らなくて、聞いている人たちが退屈《たいくつ》しそうな雰《ふん》囲《い》気《き》になったので、パパはポケットに入れていたリコーダーをとりだして演奏したら、みな笑ってなごやかになったので良かったです。

毎日、船を停めて海洋観測があり、後部甲板で今やっています。でもパパはもうじき飛行甲板ではじまるゾンデ(気象観測用の気球)の放球を見に行きます(図2-4)。

講義や打ち合わせ、海洋調査などの無い暇な時間には、甲板に出て、ゆれる大海原《おおうなばら》を眺《なが》める。しらせの後を、色々な海鳥《うみどり》たちが付いてくる(口絵2)。

叫《さけ》ぶ六〇度

一二月八日　ユリちゃん、元気ですか。こちら昨夜遅《おそ》くから海が荒《あ》れ始め、一晩中ゆれていて、今日もまだすごくゆれています。朝にひとつ大きな平らな氷山《ひょうざん》を見て、さっきもまた別の大きな平らな氷山の横を通り過ぎました。天気は曇《くも》り時々雪。天気図をみると低気圧のまっただなか。

こんな海の上でも、ときどき鳥が飛んでいます。よく見るのはノドジロクロミズナギドリという黒い大きな鳥です(図2-5)。それでは、そろそろまた「しらせ大學」の時間です。今日は最終日で、まずツジモトさんがクマムシの話をします。最後は大型レーダーの話です。

図2-5　海上を飛ぶノドジロクロミズナギドリ(上)とオオフルマカモメ(下)

一二月八日　お父さんへ。今日は学校の準備が終わってご飯を食べ終わってバイオリンの練習が終わったら、ハイドンさんに手紙を書きます。それではまた、ユリより。

一二月九日　ユリちゃん、メールをいつも楽しみにしています。バイオリンがんばってますね。ハイドンさんへの手紙って何を書いたの？

きのうの夜中から時計の針を一時間おくらせて日本との時差が三時間になっていますが、明日には四時間差になる予定です。どんどん西に進みます。船のゆれは昨日ほどではなくなってきましたが、時々自分の体重がものすごく重くなったり軽くなったりするような(エレベーターやジェットコースターみたいな)たてゆれがあって、廊下《ろうか》を歩く時も前に進めなくなるみたいになります。パパは酔わないけど、足をふんばるので疲《つか》れます。

今日は、基地から遠くへ出てはたらく人たちの食べ物を分ける作業がありました。たくさんの食べ物を、多くのグループのために分ける大変な仕事です。パパたち生物チームの仕分けはまだ終わっていないので、明日も続きます。重いダンボール箱をたくさん運ぶ時、腰《こし》は気を付けていたのだけど、右の手首をひねって腱鞘炎《けんしょうえん》みたいになってしまいました。

今日は、ナカイくんの誕生日です。昼ご飯の時、ブリッジから放送でインタビューが流れていました。台本の棒読みだったので、あとでさんざんからかわれていました。自衛隊からもらった誕生ケーキを「ぜんぶひとりで食べた」と言ってツジモトさんが怒っていました。

でもフリーマントルを出港する前に、スーパーで長持ちするケーキを買って観測隊の冷蔵庫にいれてあるので、それを出して誕生パーティーをやることにしています。ユリちゃんの誕生日も近づいて楽しみだね。それではまたね。パパより

大ゆれの船

一二月一一日　ユリちゃん、昨夜、日本との時差が四時間になりました。南極はまだまだ先ですが、氷山はあまりめずらしくなくなってきました。あいかわらず海は荒れ続きです。パパは船酔いしないので大丈夫ですが、船酔いする人たちは大変そうです。はやくゆれなくなったら良いのに、と思います。

一二月一一日の夜中にも時刻帯変更があり、日本との時差がマイナス五時間となった。

図2-6　はじめて氷山が見えた(上)，荒れる海(下)

一二月一二日　ユリちゃん、こちら朝食が終わって午前の安全講習が始まるまでゆっくりしているところです。ユリちゃんはそろそろ給食の時間かな。小さな写真をいくつか送ります(**図2-6**)。一枚目は一二月七日の朝、はじめて氷山が見えた日です。二枚目は一二月一〇日、このところずっと海が荒れていますが、鳥は元気に飛んでいます。きのう、公室(食堂と会議室を兼ねた部屋)の入口に、

図2-7　クリスマスのデコレーション

「しらせ」の自衛官たちがクリスマスの飾《かざ》り付けをしていました（図2-7）。

一昨日、昨日と、ゆれる船の中で野外食料の仕分け作業などを続けていましたが、今日で片付きそうです。昨日は皆疲れて早く寝たようです。パパも八時頃には寝てしまいました。夜中に時刻帯変更でまた一時間遅れて、そのぶんもあわせて一一時間も寝たので元気になりました。パパより

▶**一二月一二日**　お父さんへ。フリーマントルからの葉書が届きました。元気ですか？　こちらは元気です。（ユリ、さっきからずーっと書くことを考えていますが、何も浮かばない様子。こちらは毎日淡々《たんたん》と生活してますからね。サナエ）

ママは風邪《かぜ》を引いて鼻水ぐじゅぐじゅで、私も鼻水ぐじゅぐじゅ。今日学校で楽しかったことは、昼休みにカラーペンで海の絵を描いたことです。こちらも大分寒くなってきました。でも南極の方がもっと寒いと思います。パパ元気でね。風邪引かないようにしてください。ユリより。

▶**一二月一二日（二通目）**　ユリちゃん、ふたりとも鼻水ですか。パパも少しだけ。野外食の箱詰め作業三日目でやっと終わりました。昨日は疲れて早く眠ってしまったけれど、今日は終わったという安心感

で元気です。

船に乗ってから一度も日没《にちぼつ》を見ていない。夕食(五時半)の後、午後六時五〇分ぐらいから自衛官たちが船内(風呂やトイレや廊下など全部の)掃除をするので、その点検(巡検《じゅんけん》)が終わる八時頃までは、観測隊員は船室から出られない。これまで日没がその間で(私の部屋には窓がないので)夕方の景色が見られず、夜八時より遅く日が沈《しず》むようになった最近はずっと天気が悪い。

九時すぎに艦橋に行ってみた。外はまだ明るいが、モヤモヤの霧《きり》で何も見えない。明後日の早朝には流氷域《りゅうひょういき》に入って、もう少しで夜が来なくなるらしい。氷海では船がゆれる事はないそうだ。ペンギンが遊びに来ないかな。今朝は、「左三〇〇〇メートルにクジラ」という艦内放送が流れたので、しばらく外で見張っていたが、残念ながら見つからなかった。

➤**一二月一三日** お父さんへ。クジラ見られなくて残念でしたね。でも多分、南極についたらアデリーペンギンが見られると思います。もしかしたらアザラシもいるかもね。今日の朝ご飯では、自分で卵焼きを作りました。ママが風邪をひいて苦しいと言っていたので、お湯も沸《わ》かしてあげました。あとは、お皿を洗ったりもしてあげました。今日はいっぱいご飯を食べました。明日は、恐竜の映画を観に行く日です。楽しみです。パパ、またね。ユリより。

一二月一三日　ユリちゃん、日本では朝の五時半ですね。こちらは、さっき時計を一時間戻し、夜中の一一時半です。日本と六時間差になりました。もう昭和基地と同じ時間なので、これから時差はこのままです。船はこれからどんどん南に進み、朝七時には流氷の中だそうです。あいにく天気は悪く、明るい流氷の朝ではなさそうです。まだ船はゆれています。ママ、はやく風邪治ると良いね。無理しないでね。パパより

吹雪《ふぶき》の南氷洋

一二月一四日、朝六時〇五分、艦内放送が入った。

「降雪による視界不良のため、氷海《ひょうかい》進入を見合わせる」

外に出ると吹雪である。双眼鏡で南極の方向を見ても、まだ氷は見えない。朝食後、艦橋へ上がってみた。予想される氷縁《ひょうえん》(海氷域《かいひょういき》と海氷のない水面との境目)は一〇マイル先だが、あいかわらず視界不良で、氷縁は視認されていないそうだ。「しらせ」は速力三ノットで漂泊《ひょうはく》している(マイルやノットなど単位については後出の**表2－1**「様々な「単位」のまとめ」を参照)。

艦橋から見えた鳥は、ナンキョクフルマカモメ、ギンフルマカモメ、ユキドリ、ハイイロアホウドリ。

◀一二月一四日　ユリちゃん、こちら降雪のため視界不良で、しばらくまだゆれる海の上です。

◀一二月一四日　パパへ。ユリちゃん、ひとりで小学校へ行きました。私は昨日の夜中からのひどいはき気で疲れきって何もしてあげられず、朝ご飯も自分で全部用意して食べていました。お昼に起きて、まだはき気は続いていますが、苦しいほどではなくなってきました。それじゃまた。サナエ

◀一二月一四日（二通目）　ユリちゃん、ママの具合はどうですか。遠くの船の上からエールをおくります。早く二人でおいしいごはんを食べられますように。こちら、大ゆれの船です。さっきどこかの船室でガチャンガチャンと物が落ちる音がしました。風速は毎秒二〇メートルぐらいです。見通しは良くならず、氷海《ひょうかい》の少し手前で足踏《あしぶ》みです。まだ海の氷は見えません。あまりゆれがひどいので、廊下を歩く人たちが皆斜《なな》めになっていました。パパより

図2–8　氷海を飛ぶナンキョクフルマカモメ

図2–9　流氷に乗るアデリーペンギン

ついに氷海に入る

一二月一五日、「まるごひとまる、氷海に進入した」との艦内放送が流れた。朝食後、甲板に出て氷海を観察する。たくさんのナンキョクフルマカモメが群れて飛んでいる(口絵30、図2－8)。時々ギンフルマカモメが交じっている。そして、遠くにアデリーペンギンが見えた！　初めて見る野生のペンギンだった(図2－9)。

一二月一五日　ユリちゃん、サナエさん、今朝から流氷の中に入りました。ペンギンいたよ！

白夜の始まり

第1章で書いたように、南極圏内では夏に太陽が沈まなくなる期間があり、これを白夜《びゃくや》と呼ぶ。逆に冬には、(昭和基地では五月三一日から七月一二日まで)太陽が地上に顔を出さない極夜《きょくや》となる。

一二月一五日(二通目)　ユリちゃん、今朝から氷海に入って、船がゆれなくなりました。ご飯がおいしく食べられる。船酔いはしなくても、なんだかいつもお腹一杯な感じだったのです。今日は久しぶりに太陽のまぶしい一日でした。夕方の艦内放送で「本日より日没がなく白夜の始まりである。一を足したら百夜《ひゃくや》、ナンチャッテ」とクソマジメな声で言っていました。やるな海上自衛隊。それにしても、ほ

図 2-10　氷海に入ったしらせ．舷側に並ぶ救命艇の上からの眺め

んとうに白夜が始まってしまったのだろうか？　出港してから一度も夕陽を見ないままです。パパより

一二月一七日　ユリちゃん、一晩でまったく風景が変わってしまいました。もう本当に南極です。延々と続く氷の海。遠くにペンギンがちらほら。まだ南極大陸は見えませんが、たぶんあと少しです。これまでガンガンゆれ動く船の中で食っちゃ寝ての毎日がダラダラ続く半月余りでしたが、何日か後にはヘリコプターに乗って移動するんだと思うと急にあわただしい気分です。パパ

ラミング

「しらせ」はいよいよ氷海に入った（口絵1、図2-10）。氷でふたをされた状態なので波もない。これまでとは打って変わり、おだやかで広々としてまぶしい氷海だ。大きな平らな氷山があちこちに見え

る。ああ、南極に近づいてきた、という気分が盛り上がってくる。船がゆれないので、これまで船酔いで苦しんでいた人たちの顔色も明るくなった。しかし南極大陸はまだ遠く、水平線に陸地のかげはまだ見えない。

砕氷艦は、氷を割って進むことのできる特別な能力を備えた船だ。氷の海を、バリバリと割りながら進んでいく「しらせ」の勇姿が目に浮かぶだろう。

では、ここで問題。私たちの「しらせ」が連続的に氷を割りながら進めるのは、氷の厚さが何メートルまでか？　答えは一・五メートル。では、昭和基地周辺の海氷の厚さはどのぐらいか？じつは、氷の厚さは年によって変動するのだが、厚い時には六〜八メートルにも達するのである。

氷海に入った後は、艦首甲板に出て海を眺めることが許されていたので、私たちはひまさえあれば、艦首に並んで、前方に連なる氷原を観察していた。

連続砕氷ができない分厚い氷に行く手をはばまれた時、「しらせ」はラミングと呼ばれる行動をする。まず、いったん三〇〇メートルほど後戻りする。そして今度は全速力で突進して、氷にぶつかり、そのまま艦首を氷上に乗り上げる。その時、艦首の下方から大量の水を噴射《ふんしゃ》して、摩擦を減らす仕組みも持っている。ズシンとぶつかり、ズリズリと氷に乗り上げると、船の重みで氷がミシミシと音を立てて割れていく、……のだと思っていた。

ところが実際には、この時に五六次隊が遭遇した多年氷帯《たねんひょうたい》（何年も融けない海氷が固まった海域）

では、六メートルもの厚さの氷の上に、大量の雪が二メートルほど積もっていた。氷に乗り上げて、噴射する水が止まると、シーンとした静寂《せいじゃく》。そして何も起こらない。

そのまま沈黙が流れ、しばらくすると、またソロソロと後退して水中に戻る。前進した距離は一〇メートルもなさそうだ。しばらく後で、実際の速度を聞いてみると、なんと〇・〇二ノット（およそ時速四〇メートル）とのこと。一時間あたり七～八回のラミングを行うから、わずか五～六メートルずつしか進まなかったことになる。

図2-11　ラミング

割れた氷のただよう海を船が進んでいく時、艦内ではゴリゴリ、ガリガリ……とものすごい音が響く。後退する時も同じだ。のろのろと一直線の航跡《こうせき》を残しながら、「しらせ」は愚直《ぐちょく》な頭突《ずつ》きをくり返しているように見える。しかし、毎回のラミングではその都度《つど》、微妙に的《まと》をズラしなが

表 2-1　様々な「単位」のまとめ

緯度	地球を縦 1 周すると 360 度　1 度＝ 60 分
距離	1 度(60 分)の距離＝ 60 マイル(海里，浬)
	1 マイル＝緯度 1 分の距離
	1 マイル＝ 1,852 m
速度	1 ノット＝毎時 1 マイル＝ 1,852 m/h
	10 ノット＝ 18.5 km/h

ら突進している。また、艦の前後の海中にぎっしりと詰《つ》まった氷の塊《かたまり》の中を動き回るのは、大変な危険をともなっている。特に後退する時には、氷の塊でスクリューを壊《こわ》さないような、まさに神業《かみわざ》的な操船《そうせん》が行われている。

周りの風景は、いつまでたってもほとんど変わらない。白夜の夜中も、明け方も、二四時間、いや何日間も続けて、ひたすらラミングをくり返すのだ(図2−11)。

速度〇・〇ニノット

船の速度は普通「ノット」であらわす。これは一時間に一マイル(海里《かいり》)進む速さだ。陸上のマイルと海のマイルは違うのでややこしいが、海のマイルは地球儀を見るとわかりやすい。子午線《しごせん》(南極と北極をむすぶ線)一周で三六〇度。一度＝六〇分＝六〇マイル(海里)である。航空機のマイルも海里だ。地球儀や海図では緯度経度が簡単にわかるので、何キロというより何マイルというほうが楽なのだ(メートルに換算すると一海里＝一八五二メートルである。表2−1)。

一二月一八日　ユリちゃん、ラミングが始まって二日、苦闘《くとう》が続いています。氷を割るというより厚くつもった雪かきをしているようです。ぜんぜん進みません。

今夜(？　夜といっても太陽はでてますが)、絶景露天《ろてん》風呂「おんぐる温泉」、本日限りの営業だそうです。しらせ甲板でお風呂(**図2－12**)。無料休憩《きゅうけい》お食事処「海峡《かいきょう》」も同時オープンで、おでんと飲み物が用意されるそうです。お風呂はフンドシ(または水着)着用のこと。

残念、パパ持ってません。パパ

図2–12　甲板での絶景露天風呂

ラミング見物のペンギンたち

アデリーペンギンの群れが、はるか遠くに歩いているのが見えた。双眼鏡で眺めていると、だんだんこちらへ近づいてくる。ペンギンの方が「しらせ」より速い。歩いたり、腹ですべったりしながら、数十羽のペンギンがやって来て、「しらせ」がラミングして開けた水路の岸に勢ぞろいして、こっちを眺めている(**口絵4**)。氷の中で苦労している「しらせ」を見物に来たのだ。ペンギンの寿命《じゅみょう》は二〇年ほどだと言われているから、たぶん彼らは去年も一昨年も来たのではなかろうか。

「また大きな赤い船が来てるよ！」

そういう会話が聞こえてきそうな気がする。氷に乗り上げてしばらくじっとしている「しらせ」をズラっと並んだペンギンたちが静かに見物している。しばらくして突然、「しらせ」がバックし始めた。「きゃ～、来た～」と言いながら(?)ペンギンたちは逃《に》げていく。しかし、再び前進して氷への突進を開始すると、「行っちゃうよ」と言いながら(?)また一生懸命に追いかけてくる。

彼らは日がな一日「しらせ」の横で遊び、水平線のすぐ上で沈み切らない低い太陽の下で眠った。翌日もこれがくり返されたが、さすがに三日目になると飽《あ》きたのか、また隊列を組んで遠ざかっていった。

十二月二〇日 お父さんへ。こちらはずっと寒いです。船で氷を割って進むので大変ですね。南極に着く日が遅くなっちゃうかもね。ペンギンの写真はかわいかったです。今日はクリスマス音楽会です。頑張《がんば》ります。音楽会の前に、合唱の練習に行きます。

(ここでずーっと書くことを考えているので、出発の時間になってしまいました。残念)

さっきクリスマス音楽会を終えて帰ってきましたが、ユリ、発熱で寝込んでしまいました。今朝から眠いと言っていたので、夕方少し寝せてから音楽会に出発したのですが、今朝からすでに調子が悪かったのではないかと思います。なんだかんだいって、無理しているのかもしれないですね。明日ユリちゃんが話せるようであれば、今日の音楽会の様子を書いてメールします。それじゃ。サナエ

十二月二一日　ユリちゃん、風邪ひいちゃったのですか。少しゆっくり布団《ふとん》に入って休憩してくださいね。ママも、忙《いそが》しい毎日だけれど、どうかご自愛ください。日本列島が大寒波《かんぱ》というニュースは船の中でも読みました(新聞の要約みたいなテキストデータが公室に置いてあります)。どうか、早く熱がさがりますように。パパより

図 2–13　発艦する大型ヘリコプター CH–101

予定では明後日、昭和基地への空輸が開始される。私たちは、ヘリコプターの振動《しんどう》の中で出発準備を始めた。しかし、ヘリコプターの発着は風向きにも依存するので予断をゆるさない(**図2-13**)。

十二月二一日　お父さんへ。熱は下がりました。クリスマス音楽会では、きよしこの夜も上手に弾けたので、うれしかったです。おうちに帰ってから、昨日のようにおなかが痛くなって寒くなって、「やっぱり明日風邪引くかもね」と言いながら、ママがお皿を洗っていました。

（ユリ、そそくさと「洗濯物たたまなきゃ」と行ってしまいました。もう少しで昭和入りですね。少しの間、連絡が取れなくなるかな？　サナエ）

（ユリ、急に戻ってくる）

もう少しで南極ですね。南極での生活、頑張ってください。ではまた。ユリより。

一二月二一日（二通目）　ユリちゃん、暖かくして寝るんだよ。昭和基地ではインターネットが使えるので、通常のメールで連絡することになると思います。少しは大きな写真も送れそうです。昭和基地から野外に出た時にはしばらく連絡がとれなくなるけど、それはまだ少し先です。お正月は野外です。

「しらせ」は予想以上の乱氷帯《らんぴょうたい》（流氷がゴッゴッと重なり合って固まっている部分）の中で、ものすごい苦闘を強いられていた。現在地からでも昭和基地までは飛べるが、距離が長いため、一日の便数と、それにより運ぶ荷物量の調整が二転三転する。ヘリ輸送中はラミングができないため、「しらせ」は完全に止まってしまう。船自体の運航と観測隊空輸、どちらも優先させたいところなので、隊長たちは苦心している。昭和基地へ飛ぶのは、どうも一日延期になりそうだ。

ずっと前方にアザラシが五頭ぐらい寝ていて、コウテイペンギンが九羽立っているのが見えたので、もっと近づいたらはっきり見えるかと期待していたが、船が突っ込んでいく時、コウテイペンギンたちは逃げてしまった。残念。アザラシはあいかわらず、遠くに寝転がっている。

艦上のメリークリスマス

一二月二二日。朝八時半の艦内放送。「ただいまから、ひとはちまるまるまで、艦上体育を許可する。ランニングは反時計回り、天気、晴れ、風、艦首から八ノット、気温、マイナス一・二度、湿度六三パーセント」。長い船の生活で太ってしまう人もいるが、自衛官も観測隊員も、多くは飛行甲板を走って、体力維持《いじ》に努める。時にはサッカーボールを蹴《け》ったり、キャッチボールをしたりする姿も見られる。

今日の昼食は自衛隊の簡素な缶詰《かんづめ》ご飯だったが、今夜はクリスマスパーティーだ。自衛隊がケーキを作ってくれて、観測隊からも何人かがデコレーションの手伝いをしている。

一二月二三日　ユリちゃん、昨夜は七時からクリスマス会で、七面鳥《しちめんちょう》の丸焼きや大きなケーキが出ました。パーティーの最中、そろそろ一年氷帯《いちねんひょうたい》（一年目の海氷）に入りそうだという情報が入りました。まだパーティーが続いている間にパパや何人かの人は艦首甲板に出て、海を見ていました。太陽が沈まないので明るい夕方か朝のような感じです。

ごつごつの雪と氷から、雪におおわれた平らな氷の中に入ると、もう「しらせ」は止まらずに、いっきに長い距離をゴリゴリと進んで行くので、見ていた人たち全員で大歓声を上げました。一時間以上も

図2–14　ギンフルマカモメ

外にいて体が冷えきってしまったので、夜遅くにお風呂に入って、ついでに洗濯もしました(洗濯物は二〜三時間で乾《かわ》いてしまいます)。

今朝は五時起き、朝食五時半、六時半から九時ちょっと前まで船倉《せんそう》の荷物整理をしていました。その後、先発ヘリ(これは「第一便」ではない)が飛んで行くのをお見送り。船倉作業はほとんど外と同じ寒さ、見送りも飛行甲板のずっと上の〇四甲板という所で見ていたので、すっかり体が冷えてしまいました。

ヘリが飛ぶ時には船は動けません。少しでも昭和基地に近づくため、きょう午後はまたラミングを再開することになり、午後の荷物移動作業はなし。明日の早朝から再開です。明日は予定通り飛べるのだろうか？　予定はコロコロ変わり続けるので、直前までどうなるのかわかりません。それではまたね。


「しらせ」がついに乱氷帯を突破したその時、歓声をあげる私たちの頭上に一羽のギンフルマカモメが現れ、まるで祝福するかのように飛び回った(図2–14)。

昭和基地までは、まだまだ厚い氷の海が待ちかまえていて、ラミングはくり返されていく。しかし、観測隊はもうすぐ昭和基地へ移動だ。さあ、これからの南極では、どんなことが待っているのだろう。

第3章
南極を歩く——ラングホブデ

（国土地理院地形図より改変）

上陸準備

ヘリコプターに乗るには、厳しい重量制限がある。夏隊員一人分の個人的な荷物は中型ダンボール一個だけだ。また、リュックサック等の携帯物を含めた体重は一人一〇〇キロまでと決められた。観測隊公室には体重計がおかれて、各自のダッフルバッグや箱の重さを量っておくことになった。

ダッフルバッグは観測隊から貸与《たいよ》された大きなもので、相当たくさんの私物を入れられるが、どんどん入れればどんどん重くなる。何人かの隊員たちは重さを量っては、うーん、重すぎる、と考え込んでいた。そんなある日のこと。

「スズキさん、ちょっといいですか。ご相談があるのですが……」

いつもより暗い顔をしたナカイ君が私の船室にやってきた。

「持ち込み荷物のことで、ちょっと……」

「あー、ナカイ君のバッグ、重いんだよね。もっと体重減らせば?」

「ちょ、ちょっと。そんな、無理ですよお」

「わはは、冗談《じょうだん》。ぼくの荷物はこのザックとカメラだけだから、あと二〇キロぐらいは余裕《よゆう》だよ」

「ありがとうございます、よろしくお願いします！」

というわけで、私と彼の重さの合計で二〇〇キロとすることにした。ちなみにナカイ君はこの数年で四〇キロもの驚異的《きょういてき》な減量に成功していたのだが、まだ八〇キロを超える体重があった。彼のほかにも、さらに重量級の隊員もいた。でも、全隊員の平均体重が一〇〇キロなどということはないから、全然心配することではないのである。

図3-1　飛行甲板上の大型ヘリＣＨ-101

一二月二四日　ユリちゃん、こちらは朝の六時前です。もうすぐ午前の作業が始まります。あと二時間後には最初の空輸が始まりそうです。正式発表は第一便が到着した後だと思うので、日本の今夜のニュースで聞けるかもね。その時間にはまだパパたちは船の上で荷物運びの仕事をしているかもしれません。ユリちゃんたちが寝る頃には昭和基地に着いているかな。いよいよです。それではまた。
パパより

図3-2　ドッグ・タグ

大型ヘリコプターに搭乗《とうじょう》する

フリーマントルを出港したのは一一月三〇日。そして今日はクリスマス・イブ。いよいよ船を離《はな》れて、昭和基地へ行くことになった。基地へは海上自衛隊の大型ヘリコプターCH－101に乗って行く(図3－1)。

搭乗者は薄《うす》い金属製の認識票を首にかける。これは英語でドッグ・タグと呼ばれている通り、イヌ用の鑑札《かんさつ》のような物である(図3－2)。もともとは戦場で兵士が身に付けて、戦死した場合の身元確認のため役立つ物なのである。海上自衛隊では、航空機に搭乗する際に身に付けることが義務づけられており、観測隊員も自衛隊の決まり通りにするのだ。

「つまり、たとえ墜落《ついらく》して黒こげになったとしても身元確認ができるってことだよ」

「うーん、なんか不吉《ふきつ》な物ですねえ……」

縁起《えんぎ》でもない感じの物だが、その認識票を首から下げて、いよいよ本番！　という緊張感が高まってくる。

朝の第一便には艦長と観測隊長、越冬隊《えっとうたい》から一四名、自衛官七名の計二三名が乗り込み、昭和基地に向けて飛び立っていった。この便では、重要な荷物として「初荷《はつに》」のダンボール箱が運ばれる。この箱の中には、さまざまな必需品《ひつじゅひん》とともに、越冬隊の家族からの手紙や、新鮮なキャベツと卵などが入っている。どれも一年間南極で過ごした越冬隊の人たちが待ちこがれた物である。家族の思いを読み、また新鮮なきざみキャベツや生卵を食べるのが、初荷の届いた夜の行事なのだそうだ。

この日は全部で一一便の飛行があり、私は第八便で飛ぶことになった。

「第八便、出発用意！」

一二時三五分、艦内放送の合図で、いよいよ荷物をかついで飛行甲板《かんぱん》へ行く。この便の搭乗者は四名のみ。あとはすべて大きな荷物だった。フィールド・アシスタント（FA《エフエー》、野外支援）のタカハシさん、トルコから来た交換科学者バイラム、ナカイ君、私の四名は、荷物のすき間に体を押し込むようにして乗り込み、それぞれ窓の近くに陣取った。エンジンが始動し、機内は轟音《ごうおん》に包まれた。

南極の大地

私たちを乗せたヘリコプターは、一面の海氷上《かいひょう》を基地目指して飛んでいく。昭和基地は東オングル島という島にある。つまり昭和基地は南極大陸上にはないが、島の周囲は厚さ六メートル以上にもなる海氷に囲まれているため、ほとんど大陸と地続きのような感じになっている。とはいえ、やはり今は夏なのだ。白一色に輝《かがや》いているように見える海のあちこちに、明るい水色がキラキラと光っている。ところどころで表面の氷が融《と》けて池のようになっているのだ。

こういう水たまりをパドルといって、雪上車《せつじょうしゃ》などがここにはまり込むと大変なことになる。南極の過去の事故例では、まずブルドーザーで牽引《けんいん》された小型飛行機がパドルにはまり、それを持ち上げようとしたブルドーザーが水没《すいぼつ》し、その救出のため近づいた雪上車まで水没し、最終的には大型ヘリコプターで引き上げられた。それらの事故で死傷者が出なかったのが幸いで、なんだか滑稽《こっけい》にも感じられるが、本当に重大な事故だったのだ。

落ちたら怖《こわ》いパドルだが、上空から眺《なが》める水色のまだらは引き込まれるように美しい。ヘリコプターのものすごい騒音の中、眼下にひろがる、明るく壮大《そうだい》な景色に見とれてしまう。そのうち、時々、黒い部分がぽつぽつと見えるのに気付いた。

「陸だ!」

昔の船乗《ふなの》りが叫《さけ》んだ時の気持ちが、よく想像できる。とにかく航海は長かった。

昭和基地

一〇分ほどの空の旅が終わり、いよいよヘリコプターから東オングル島の地面に降り立つ。荷物運びを手伝ってくれるヒゲぼうぼうの男たち。五五次の越冬隊員だ。ああ昭和基地に来たんだ、と感じた(図3-3)。

しかし、美しい南極の自然！という感動はない。周りを見渡せば、水たまりと泥《どろ》だらけのでこぼこ道、行き交《か》う工事車両、大量のドラム缶《かん》の列。南極に「白い大陸」のイメージを抱いて来るとすれば、その人は「え？ なにこれ、本当に南極？」というショックを受けるだろう。

でも私たちは、昭和基地がほとんど工事現場のようだ（というより、まさに工事現場なのだ）ということを、あらかじめ知らされている。それに夏の南極は、雪どけでグチャグチャで、そんなに寒いわけでもないことだって、データとして知っている。私は、そのような昭和基地に降り立った時の第一印象を、まったく驚かずに受け入れていた。

図 3-3　昭和基地へリポートでの荷物リレー

しかし、すぐその後で、その風景の中の、ある特徴に気付いた。

「どこにも草が生えてない。なんにも……。一本も生えてない！」

じわぁっとした違和感、そして「南極だ」という実感がわき上がってきた。

草も木も、何も生えていない陸地の上を、風が吹く。ざわめきはなかった。ただ風が吹いていった。

図3-4　カマボコ車庫

一二月二五日　ユリちゃん、お誕生日おめでとう。七歳になりましたね。日本はとっても寒い日が続いているようだけど、楽しい冬休みになると良いね。こちら今日の仕事は、大きなカマボコ型の車庫の中で、山積みになっている荷物を調べて、明日からの仕事の準備です(図3-4)。長靴《ながぐつ》で歩くと、ベチョベチョで土だらけになるので、宿舎の入口では、雪解け水の入ったタライ(ドラム缶を切ったもの)の中でバチャバチャと長靴を洗ってから建物に入ります。入口ではアウターパンツごと長靴を脱いで靴箱へ入れるんだよ。

今日の天気は曇《くも》りで一〇・五メートルの東風が吹いています。まだ朝五時五〇分です。いびきをかいて寝ている人も多いですが、もう仕事をしている人もいます。今日の朝ご飯は六時半からです。それではまたね。パパより

夏宿《なつしゅく》

昭和基地の居住棟《きょじゅうとう》には、二月一日の「越冬交代」までは前次隊(五五次隊)が入っている。したがって、私たち五六次隊は越冬隊も合わせて、簡素な夏季隊員宿舎、略して「夏宿」に寝泊まりする。夏宿は二つあり、メインは池の近くにある第一夏宿で、通称「レイクサイド・ホテル」または「イチナツ」とも呼ばれる(図3-5)。ここで食事をし、ミーティングが開かれる。またインターネット環境もある。ここの調理室には「しらせ」から調理隊員が派遣《はけん》され、また

ほかにも多くの自衛官が建設作業の支援のため入る。イチナツには「しののめの湯」という名の風呂《ふろ》や、洗濯機もある。

ヘリポート近くの第二夏宿(エアポート・ホテルまたはニナツ)には上下水がなく、食事や風呂はイチナツまで出かけることになる。トイレはポリタンク(通称ションポリ)で、小の方しかできない。

図 3-5　第 1 夏宿

越冬隊の居住棟には快適な個室が完備され、明るく美しい食堂や、X線設備や手術室も備えた医務室(温倶留《おんぐる》中央病院)もある。ここですでに一年間を暮らしてきた前次隊は、いわば先住民として、家族のような固い絆《きずな》で結ばれているように見える。一方、新たな隊は、別の隊長によって指揮された「入植者《にゅうしょくしゃ》」のような立場の新参者である。時として先住民との間に微妙な軋轢《あつれき》が生じることもあるらしい。もともと人間関係というものは面倒でややこしいが、共通の目標に向かって、皆が楽しく協力していきたいものだ。

私たちのフィールド

昭和基地へ着いた私たちは、夏宿で二泊した後、「野外」に出ることになった。

南極大陸の沿岸には、あちらこちらに氷床《ひょうしょう》におおわれていない陸地があり、雪がとける夏には、大地がむき出しとなる。このような場所を「露岩域《ろがんいき》」と呼ぶ。私たち生物チームのおもな仕事場は、昭和基地ではなく、このような露岩域である。英語ではice free area（＝無氷域）というのだが、oasis（オアシス）と呼ばれることもある。つまり、砂漠の中で水の潤《うるお》いに満ちた生物の楽園をオアシスと呼ぶのと同様、氷の国で生きる生物にとって、露岩域はオアシスなのだ。

夏の露岩域では、豊富な雪どけ水が池を作り、谷沿いでは所々に緑のコケの大群落《だいぐんらく》が見られる。砂漠のオアシスに水場があってたくさんの動物が集まってくるように、南極露岩域の谷沿いや大小さまざまな池や湖の底でも、多くの生物が暮らしている。私たちの目的地はそういう場所だ。そこへは昭和基地からヘリコプターで移動する必要がある。

リュツォ・ホルム湾《わん》の地図を広げよう（前付vi）。昭和基地は東オングル島の北岸（南緯六九度〇〇分、東経三九度三五分）にある。そこから南方の大陸沿岸に、いくつかの露岩域が点在している。昭和基地から南に三〇キロほどのラングホブデと、そこからさらに約三〇キロ南方のスカルブスネスという二つの露岩域には、それぞれ小さな観測小屋があり、野外調査のために使用されている。このあたりの地名の多くは、ノルウェー語で付けられている。

私たち生物チームは、その二か所のほかに、スカルブスネスより南のスカーレンと、白瀬氷河《しらせひょうが》を越えた遠方のインホブデという露岩域にも行くことになっている。

ヘリコプター・オペレーション

「しらせ」の大型ヘリコプターは、もっぱら物資輸送に使われるので、観測隊が使えるヘリコプターは、それとは別にチャーターした小型と中型の合わせて二機だ。五六次隊ではそれらを、ニュージーランドの航空会社から五名の乗組員とともに調達して、オーストラリアから一緒に「しらせ」に乗ってやって来た。

昭和基地から遠く離れた野外で働くのは、私たち生物の研究者だけではない。地球物理(地学)のチームには地質や地震の専門家がいて、彼らの仕事でもやはり野外を歩き回る。それから陸地の形を調査(測地)する国土地理院や、沿岸で海底地形や潮汐《ちょうせき》を観測する海上保安庁の人。大陸の氷床の上で無人飛行機を飛ばして、南極上空の大気を調べる気水《きすい》チームなどもある。

これら多くの研究者がそれぞれの現場に出向いて、同時進行で調査・観測を行うのだ。研究者たちの移動のため、ヘリコプターをやりくりして飛ばす作業のことをヘリコプター・オペレーション、略してヘリオペという。

今回は幸いにも「しらせ」が基地に接岸できそうなので、この二機は観測隊の調査のために飛べる。これらの機体をやりくりして、急変する天候にも配慮しながら、多くの調査チームを現場へ送るヘリオペは、パズルのように大変な作業だ。五六次隊のヘリオペは、越冬隊長のミウラさんが指揮している。

生物チームのおおまかな計画では、まずラングホブデ(前半九泊)、次にスカーレン(三泊)とインホブデ(日帰り)をはさみ、スカルブスネスに三週間ほど滞在し、その後再びラングホブデ(後半五日程度)、最後は昭和基地周辺の調査、という予定だ。そして最後に、帰りの航路途中《とちゅう》で、アムンゼン湾のリーセル・ラルセン山麓《さんろく》での日帰り調査も計画に入れている。しかし天候次第で実際にどうなるかは、まだ誰《だれ》にもわからない。

いよいよ南極の野外へ

一二月二五日(二通目)　ユリちゃん、パパたちは、明日からラングホブデという場所にヘリコプターで移動します。あちこちに池があって、池の底にはコケ坊主《ぼうず》という三角頭のコケの固まりがにょきにょきと生えているそうです。南極の陸上には草は一本も生えていないけど、コケならば生えている場所がありますす。そういう所にクマムシが住んでいるんです。

ラングホブデには「雪鳥小屋」という観測小屋があります。小屋にも少しの人数なら寝泊まりできるけれど、パパたちは外にテントを張《は》って寝るつもりです。ここには九泊する予定で、来年の一月四日に基地に戻ります。その間はメールが読めません。遠くから二人のことを考えています。それではまた。

パパより

フィールド・アシスタント

私たちの最初の目的地、ラングホブデに一緒に行く仲間は、生物チームの三名のほかに、支援要員としてタカハシさん、アベさん、ヒラノさんの三名が加わることになった。

タカハシさんは北海道の保健所勤務の獣医師《じゅういし》だが、ヒマラヤまで登りに行くような登山家だ。彼は五六次越冬隊のフィールド・アシスタント(FA《エフエー》)として参加している。夏の間は、おもに生物チームや地球物理チームなど野外に出歩く観測隊員の支援が彼の役割だ。

小柄《こがら》な女性アベさんは北海道在住の山岳ガイドで、優れた登山家だ。本来は二五〇〇メートル級の山々がそびえるセール・ロンダーネ山地調査に行く別働隊のためのFAとして南極に来るはずだった。ところが、これが直前で派遣中止となってしまった。この山岳調査隊は「しらせ」には乗らず、南アフリカからセール・ロンダーネ方面へ飛行機で行く予定だったのだが、その機体の整備不良が明るみになったのだという。そんな信じられないような事情により、アベさんが活躍するはずだった舞台が消えてしまったのだ。

結局、彼女は本隊・夏隊の「設営一般」という名目で参加することになった。しかし、彼女の技量は大自然の中でこそ最大限に活かされる。そしてミウラ越冬隊長と設営メンバーの理解により、彼女は私たち生物チームの最初の現場の支援に加わることになった。

もう一人、ヒラノさんは環境省から派遣された行政官だ。彼の役割は昭和基地周辺の環境調査を行い、また観測隊の行動を査察することだ。つまり、私たちが南極条約などの規則を守って行動しているかどうかを確認するわけだ。南極への同行が決まり乗鞍《のりくら》での冬訓《ふゆくん》に参加するまでは、暖かい南の島、石垣島《いしがきじま》の国立公園レンジャー（自然保護官）だった。

「しらせ」艦上では、彼は海鳥《うみどり》の写真を撮《と》りまくっていた。行政官と言うと固い感じに響くが、冬訓と夏訓、さらに、長い船旅を共に過ごした私たちは、すでに仲間だった。

ラングホブデへ出発

一二月二六日、朝の八時。今日の第一便は小型ヘリのAS－350（以下AS）だ。機長のフィリップはニュージーランド人なのでASを「アイエス」と発音する。

これにツジモトさんとタカハシさん、五五次越冬隊のヨコタさんと五六次越冬隊のタカギさんの四名が搭乗した。ヨコタさんとタカギさんは発電機メーカーから来た機械隊員で、「小屋開き」の指導をしてくれることになっていた。ASのローターが回転し、エンジン音とともにバタバタという風切《かぜき》り音《おん》が耳をつんざく。

ヘリコプターが発着する時には、ローターから吹き下ろす凄《すさ》まじい風が来る。地上の私たちは、ヘルメットをかぶって物陰《ものかげ》に伏《ふ》せたり、あるいはダンボール箱などが飛ばされないように、荷物の上におおいかぶさって守らなければならない。こうして第一便はラングホブデに向かって飛び立っていった。

第二便から四便までは荷物を運ぶので、残った私たちはせっせと荷物を運び、第二便の中型ヘリBell－212(以下ベル)の機長・ポールの指図に従って機内へ載《の》せる。どんどんベルの中が荷物で満杯になっていく(図3－6)。

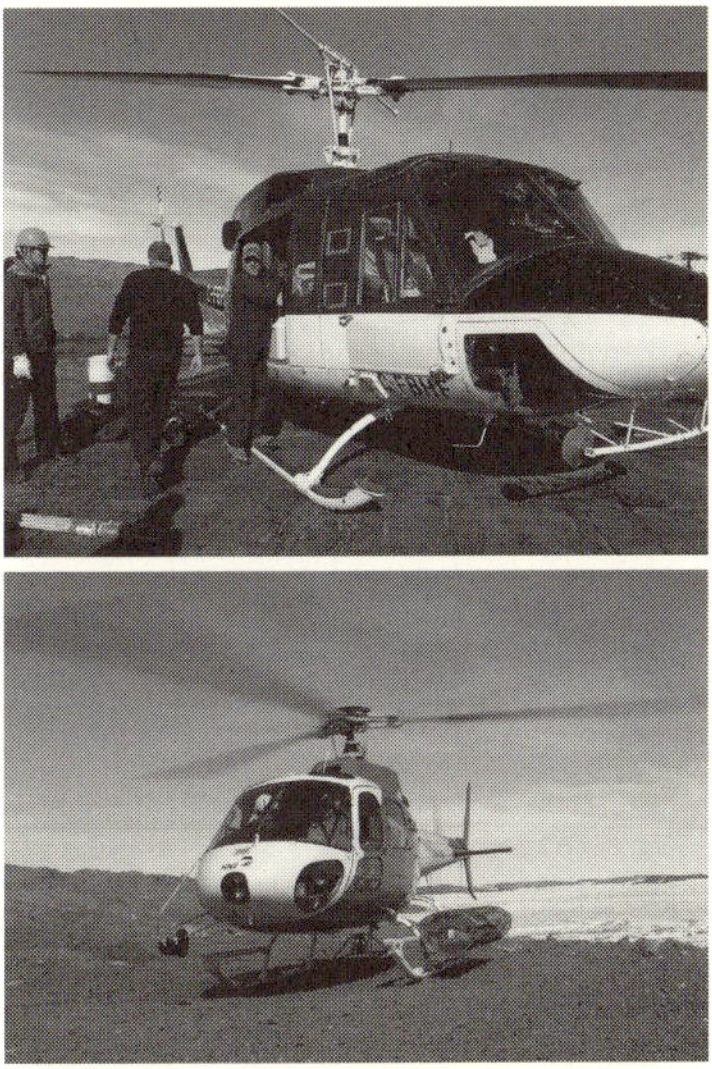

図3-6　中型ヘリ Bell-212(上)と小型ヘリ AS-350(下)

八時四〇分、バタバタという音をたてて、ASが戻ってきた。

そして、ツジモトさんたちが降りてきた。ありゃりゃ？　どういうこと？

「道に迷って戻ってきちゃった～」

「えーっ⁉」

「なんか目標の座標が違ってたみたい。で、遊覧飛行して戻ってきた～」

「なんじゃや、そりゃー⁉」

どうも、ヘリコプターのGPS（位置情報計測システム）に打ち込んだ行き先の緯度経度の数字が違っていたらしい。元のデータが間違っていたとしたら大問題である。

「そんなはずはないっ！」

指揮するミウラ隊長が叫んだ。大急ぎでデータを再確認した結果、どうやら幸いにも（？）単純なGPSの操作ミスだったという結論となった。気を取り直し、燃料も補給して、出直しの第一便は再び飛び立っていった。続いて、第二便のベルが飛んでいく。無事にツジモトさんたちを送り届けたASが戻ってきて、今度は荷物をスリングして（ぶら下げて）飛び立つ（第三便）。ベルが戻り、また荷物を満載して飛び立つ（第四便）。

本日のラング行き最終便（第五便）ASの乗客は四名、アベさん、ヒラノさん、ナカイ君と私だ。私たちも、いよいよ南極露岩域のラングホブデへと旅立った。

雪鳥沢《ゆきどりざわ》

ラングホブデ（口絵10）という地名はノルウェー語で長い山、あるいは長い頭という意味で、この露岩域の北端《ほくたん》に、特徴的な三つのこぶが連なった長頭山《ちょうとうざん》（図3－7）がある。中央部には雪鳥沢という大きな谷間があり、この谷間の岩陰《いわかげ》では、その名のもととなったユキドリ（図3－18参照）が夏になると営巣《えいそう》する。

この鳥は、正式な和名をシロフルマカモメといって、黒い眼とくちばし以外の全体が真っ白な海鳥だ。ユキドリが巣作りする場所には、それを餌食《えじき》にしようとねらうオオトウゾクカモメ(通称トウカモ)という凶暴《きょうぼう》な大型の海鳥もやってくる。そして雪鳥沢では、それらの鳥たちから出される排せつ物が栄養源となって、大変豊かなコケの大群落が育っているのだ。

この雪鳥沢の生態系を研究するため、第二七次隊の生物チームにより一九八六年一月に小さな観測小屋が立てられ、二九次隊までの三年間にわたって、生物調査と気象観測の基礎が固められた。一九八七年には南極条約協議国会議によって、ここは第二二番目の特別科学的関心地区(Site of Special Scientific Interest)に指定された。

さらにその後二〇〇二年には、この豊かな自然環

図 3–7　ラングホブデ上空から長頭山(遠方)を望む

境を保護するために、南極特別保護地区(Antarctic Specially Protected Area)に指定された。これは略称でASPA《アスパ》と呼ばれ、南極全体で二〇一八年現在七五か所ある。雪鳥沢は四一番目のアスパだ(図3―8)。

アスパには、観測隊員の中でも特別な許可をもらった者しか立ち入りを許されていない。私たち生物チームと、その支援隊員は、陸上生物調査をするために日本を出発する前にあらかじめ立ち入りの申請をして、許可を得て来たのだ。雪鳥沢ではもう三〇年にわたって継続的にコケ類の定点観察調査がされていて、それも私たちの任務になっている。

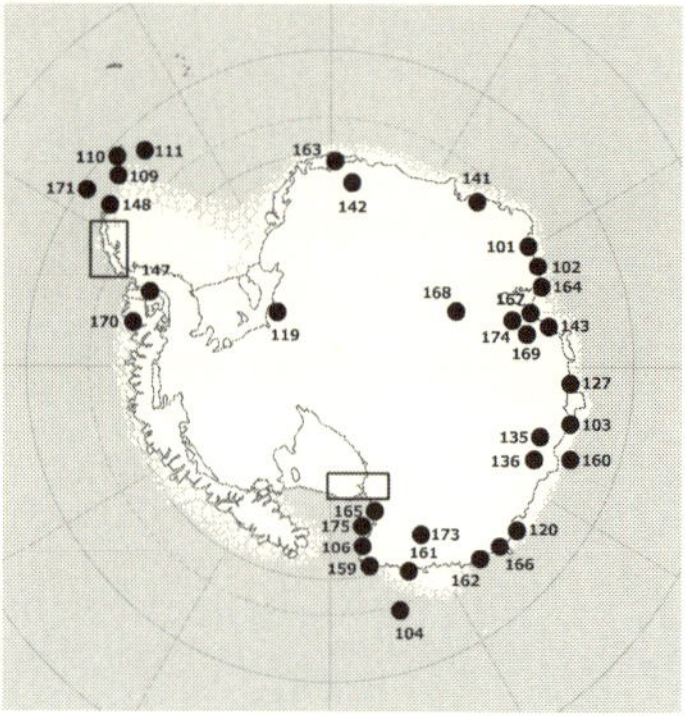

図3–8　ASPAの地図. No.141が第41南極特別保護地区「雪鳥沢」

私の中のもやもやした気分

このように、今回の生物チームがしなければならない仕事は、決して南極クマムシの調査だけではない。なかでもやっかいなのは、いくつかの湖に沈《しず》められている湖水の自動観測装置を引き上げてデータを回収し、電池を交換して再び設置する、という作業だ。

陸上でも、いくつかの自動気象観測装置(AWS、図4-17参照)のデータ回収と電池交換があり、雪鳥沢のコケ生息地の現状調査のほかに、昭和基地周辺での土壌《どじょう》調査も託されていた。これらの作業全体のために必要な時間配分を考えると、じつは「クマムシ調査」はごくわずかな付録のような立場なのだった。

これからの南極調査を、どんな風にやっていくのか、私には全貌《ぜんぼう》が見えず漠然《ばくぜん》とした感覚だった。研究計画を決めていく過程には、もちろん私もある程度は関わってきた。生物チームの中では年齢も研究歴も一番長いから、見かけ上のリーダーとして、最終的な行動計画と安全計画について作文し夏訓練の全体会議で説明したりもした。

しかし、じっさいには南極のフィールドを経験した人でなければわからないことが多く、実務者としてこれまで重要な会議に参加していたのは、私ではなく、南極経験があり極地研に所属している若いツジモトさんだ。そして私は、クマムシのことは多少知っているが南極のフィールドについては何も知らない、単なる年寄りなのだ。

「お客さん」のような感覚では困るのだが、どうしても南極ツアーの客のような気分が抜けきれない。そんなモヤモヤをかかえたまま、いよいよラングホブデへと向かっている。

ラングホブデまでは、ひとっ飛び、ほんの一〇分ほどだ。

図3–9　雪鳥小屋．左奥に発電小屋．右に小さなトイレ小屋

図3–10　雪鳥小屋のトイレ（提供：平野淳）

“Chalet Lang” 雪鳥小屋

ラングホブデ雪鳥沢の近くの浜に着陸すると、すでに小屋の前にずらりと荷物が並べられ、機械隊員の指導で発電機の入った小屋（発電小屋）の「立ち上げ」、つまり使えるようにするための様々な準備が続いていた。母屋《おもや》には、Chalet Lang《シャレー・ラング》という木の看板が掲げられていた。ラング小屋。しかし、皆ここを「雪鳥小屋」と呼んでいる（図3–9）。

せまい玄関《げんかん》に長靴や登山靴を脱いで中に入ると、小さなテーブルや作業机、通信設備、戸棚《とだな》が所せましと並んでいる。壁《かべ》の棚にも食材や調味料、飲み物の瓶《びん》などが並んでいる。書棚には古いマンガや雑誌もあって、どこかの小さな山小屋、あるいは大学の研究室のような居心地の良さを感じる。

ここにないのは、台所の流しだ。自然環境へ影響を及ぼさないように、廃液《はいえき》を流すことは禁止されているからだ。

環境保全のための配慮は、当然トイレも同様である。南極大陸では、排せつ物は持ち帰らなければならない。海での小便だけは許されているのだが、そのほかはペール缶トイレを使う。観測小屋の外に、小さなトイレ小屋があって、そこにはようやく座れるほどの大きさの缶(ペール缶)が置いてある。その中に回収用の袋を入れて、高分子吸収剤《こうぶんしきゅうしゅうざい》を入れて使うのである。トイレ当番は、これが満杯になる前に回収袋を取り替える(図3-10)。

観測小屋と発電小屋と小さなトイレ。この雪鳥小屋が私たちの基地だ。近くには豊かな水量の沢があって良い水場になっている。

小さな遠足

雪鳥小屋の立ち上げ作業が終わって少し時間があったので、皆でアスパの入り口まで歩いた。広々とした石ころだらけの谷の入り口を、太陽が明るく照らしている(図3-11)。

「ああ、気持ちいいですね~」と、エンジニアたちの笑みがこぼれる。

南極の研究のためには、研究者だけでなく、研究環境を整えるための専門家集団が必要である。雪上車など特殊《とくしゅ》な車両のプロはいうまでもなく、多様な車両を完璧《かんぺき》に整備する専門家や、大切な電気を作り出す発電機などの機械の専門家、電気工事の専門家、新たな観測施設や風力発電所を

図3-11　雪鳥沢の入口

建設するための優れたエンジニアたちが企業から派遣される。それから調理隊員も。彼らすべてが設営部隊として働いている。

設営に携《たずさ》わる隊員たちの仕事場は、おもに昭和基地である。特に夏の期間には、およそ一か月半で建築工事や整備作業をまとめて行うため、非常に多忙《たぼう》だ。白夜《びゃくや》の夏、夕食後ふたたび現場に出て、夜中近くまで働く人たちもいる。はるばる南極に来ていても、彼らには南極の夏の自然を味わう時間はほとんどない。

散歩から小屋へ戻り、機械隊員の二人が一四時半のヘリコプターで昭和基地へ帰るのを見送った後、私たちは遅《おそ》い昼食をとった。その後、一七時半から雪鳥池の偵察《ていさつ》に出かけた。白夜の南極では、まだ真昼のような感覚だった。

歩いて三〇分足らずの場所に雪鳥沢のAWSがあった。このメンテナンスも仕事のうちなので場所を覚えておく。谷沿いのあちらこちらに、コケの群落があり、岩には地衣類《ちいるい》(菌類《きんるい》と藻類《そうるい》の共生《きょうせい》している生物)が様々な模様を描いている(口絵6、7)。草も木も生えていないかわりに、この谷は豊かなコケの国になっている。

ガレガレの沢をしばらく登ると、まだ雪の残る谷間となった。ガチガチガチ……ギーギーギー。ユキドリの声が岩々に反響する。所々に散らばる骨。羽根《はね》だけが残ったユキドリの死骸《しがい》も落ちている。トウカモ（オオトウゾクカモメ）のしわざだ。雪鳥沢は、ユキドリの死体だらけの谷だった。

道草をしながら一時間足らずで雪鳥池に着いた（図3－12）。池のほとりに骨がちらばる、ちょっと寒々《さむざむ》とした風景である。湖沼《こしょう》環境の研究のため、ツジモトさんは雪鳥池の水中に自動計測装置を沈めて水温や水質を測定する予定だ。また、そのほかの湖にすでに沈められている装置を回収する作業もある。

氷が融けていれば、ゴムボートを使ってそれらの作業ができるが、もし厚い氷が張ったままの場合は、氷上を歩いて目的地に近づき、ドリルで穴を開けて作業することになる。この時、雪鳥池はまだ凍《こお》ったままだったのだが、岸の近く三分の一ほどは融けていた。つまり、どちらの方法も難しい。

今は湖沼作業がかなり困難だ。その状況を確認して小屋へ戻る途中、雪鳥沢に五〇か所以上ある長期モニタリング地点も探しながら歩く。ラングホブデでの滞在中、その作業に集中するための一日か二日をとっておかなければならない。クマムシをつかまえるためのコケ採集は、そのついでにできればよいか。

偵察を終えて小屋の近くまで来ると、岩の上で二羽のトウカモが出迎えてくれた(図3-13)。夫婦だろうか。彼らがユキドリを食べているのだろうか。

小屋に戻ってから、いそいそと夕食の準備を始めたのはタカハシさんだ。小屋には電気炊飯器《すいはんき》や電子レンジ、カセット式のガスコンロがある。鍋《なべ》やフライパンもある。たいていの物はそろっているが、流しだけはない。禅寺《ぜんでら》でやるように、お皿の汚《よご》れはふき取るだけだ。

今日の晩ご飯は何かな。私は台所を横目で見ながら外に出て、携帯気象観測装置の使い方を練習すること

図3-12　雪鳥池

にした。これは片手で持てる小さな風速計で、気圧や気温も測定できる装置だ。毎日二〇時の気象観測データを、二〇時半の定時交信の時に報告することになっているのだ。

「スズキさん、それ使いたいでしょ。これから気象課長って呼んであげます」

ツジモトさんに命名されて、私は南極で「課長」になった（図3－14）。

図3-13　オオトウゾクカモメ

図3-14　気象観測をするスズキ課長

定時交信『こちらラングホブデ雪鳥小屋』

今日の晩ご飯は、豪華《ごうか》な刺身《さしみ》の盛り合わせ、カツオのカルパッチョ、おでん、炊《た》き込み御飯。とてもにぎやかな食卓となった。今夜は、二〇時半の定時交信が済んだら夕食ということにして、ちょっとビールを飲みながら定時になるのを待つ。

『ラングホブデ雪鳥小屋、こちら昭和通信です。感度ありますか、どうぞ』

五六次隊の通信隊員、トダさんの声が通信機から聞こえてきた。

『昭和通信、昭和通信、こちらラングホブデ雪鳥小屋、ツジモトです。感度良好です、どうぞ』

やや鼻にかかった声で、いつもよりノロノロと話すツジモト隊員である。

『はい、ツジモトさん、それでは二〇時の気象からお願いします。どうぞ』

ツジモト「課長！　気象のデータとってありますか？」（↑これは早口）

私「はい、これ」

『雪鳥小屋、二〇時の気象です。えーと、気圧九七九・三ヘクトパスカル、気温二・八度、ぅ……』

ツジモト「課長、このマル（〇）って何ですか？」

私「快晴《かいせい》」

『快晴、風向《ふうこう》南西、風速一・五メートル、視程《してい》二〇キロです、どうぞ』

「視程」とは見通せる距離《きょり》のことで、霧《きり》の場合は一キロ、濃霧《のうむ》だと一〇〇メートルほどになる。この場合の二〇キロというのは計器で測定したわけではないが、ずっと遠くまで見える、という意味の数字だ。

その後、「人員装備異常なし」という報告と、本日の行動、明日の予定などをミウラさんとやり取りし、トダさんから南極気象台発表の天気予報を聞いた。

『こちらからは以上です。そちらはほかに何かありますか。どうぞ』

『はい、雪鳥小屋からも特にありません。どうぞ』

『それでは、本日の定時交信はこれで終了します。明日もがんばってください。さようなら』

『はい、ありがとうございました。さようなら』

第一夜の定時交信をなんとか終えて、六人でにぎやかな南極の食卓を囲んだ。

昨夜まではインターネットがつながる昭和基地だったので、ツジモトさんは徹夜《てつや》で原稿を一つ片付けて送信したらしい。まだまだ楽しい団らんは続きそうだが、ツジモトさんはそろそろ寝た方がよい。女性は小屋、男性はテント、という予定だったが、本人たちの希望で、今夜だけは女性がテント泊で、男四人は小屋で眠ることになった。

ちょっと外に出ると、白夜の空はまだ青い。太陽はまだ地平線の上だが、ちょうど山陰《やまかげ》になっていて、小屋の周りはさすがに夕方の風情《ふぜい》となっている。二三時五〇分、就寝。


大にぎわいの雪鳥小屋(ラングホブデ二日目)

早朝四時頃、いったん目が覚《さ》めたので、トイレのため海までの坂道を降りた。イテテテ……すでに膝《ひざ》がおかしくなっている。まだ始まったばかりなのに、大丈夫か。

とても静かで不思議な時間。太陽は地平線の上にあって沈まない。それでも、早朝には気温が下がってくる。昼間は融けていた海岸沿いの海水はまた凍っている。その硬い海面をめがけておしっこをする。この毎朝の行事を、これから何度もいちいち急な坂道を下ってまた登るのは、起きたばかりのぼんやりした体には辛《つら》い。よっこらしょ。やれやれ、もう少し眠るとしよう。

六時半に起床した。しばらく、静かな南極の朝を楽しむ。発電機を始動する。突然、静寂《せいじゃく》をやぶるエンジン音。

午前七時半の気象。南西の風四メートル、気温二・九度。昭和基地からヘリコプターを飛ばすための現地情報として、朝にも観測をしておくのである。今日は地球物理(地震学者、国土地理院、海上保安庁など)の混成部隊六名が到着し、雪鳥沢周辺のGPSのメンテナンスなどのため今日からここに四泊するのである。

トースト、ベーコン・エッグと野菜サラダの朝食後、八時二〇分に通信が入り、

『AS発進しました』

一〇分後、まず三名が到着し、物資を運ぶベルに続いて、次の便でさらに三名が到着した。私たちを含めて総勢一二名となり、にぎやかを通り越して騒然《そうぜん》とした雰囲気《ふんいき》となってきた。

南極顕微鏡《けんびきょう》

私たちはまだ一泊しただけで、小屋の中で仕事ができるようにする準備はこれからだ。午前中に荷物を整理して、まず顕微鏡周りの整備から始める。私は顕微鏡を二台持ってきた。まずはウ

イルドの実体《じったい》顕微鏡。これはちょっと古いが、素晴らしくよく見える名機だ。それからニコンの黒い顕微鏡。これも古く一九七〇年代(約四〇年前)の顕微鏡なのだが、これには微分干渉装置《びぶんかんしょうそうち》(透明な構造も見やすくする特別な装置)も付いているし、昔の顕微鏡は小さいので、(重いけれども)持ち運びがしやすいのだ。

ツジモトさんは、ものすごく大きな特注ケースから、最新式の大型実体顕微鏡を取り出している。合わせて三台の顕微鏡を小屋の奥の机に置いて、少しは研究室らしくなってきた。これだけで、もう昼ごはんの時間である。

今日の昼食は、うなぎ。南極でうな丼《どん》を食べる。なんと贅沢《ぜいたく》であろうか。

雪鳥沢で仕事

午後もしばらく室内の整備を続けた後、ＡＷＳ整備とコケ採集のため、今日も雪鳥沢方面に出かけることにした。昨日道案内をしてくれたツジモトさんは、どうも過労気味のため小屋で留守番となった。

ＡＷＳの整備は越冬中にも行う必要があるため、越冬隊ＦＡタカハシさんが主体となりナカイ君が協力して作業を始めた。私はその近くの沢をうろつきながら、コケの採集をすることにした。

コケは沢沿いに豊富に生えているが、そこでクマムシがどのように分布をしているのかはわからない。コケの種類とクマムシ分布には関係がありそうにも思えるが、はっきりとしたことはわかっていない。この場所でクマムシ採集をする、というのも今回が初めてなのだ。あちこちから少しずつ、二センチ四方ほどのコケをつまみ取っては、紙包みにして日付や番号を書き込み、GPSで位置情報を記録する。アベさんとヒラノさんは、めずらしそうに私の行動を眺め、時々、サンプルを包む紙を準備してくれている。

そうこうするうち、タカハシさんとナカイ君が戻ってきた。

「ダメ」

「は？」

「ダメでした。パソコン接続ができない」

「えー⁉」

「パソコンを認識してくれないのでデータが回収できない」

「あらら、そりゃ困ったねー」

しようがないので、AWSの整備はここで中断。しばらく沢を登って、別の場所でもコケ採集。ナカイ君も採集。そのほかの人はもう少し上のほうまで足をのばして散歩をした。

一七時少し前に切り上げた。小屋の近くまで戻ってくると、小高い丘の上でGNSS(GPS)による測定をしたり、別の丘の上にGNSS観測点の新設工事をしたりしている地球物理チームの人たちがいた。GNSS(Global Navigation Satellite System)＝全球測位衛星システムとは、アメリカが開発したGPSに代表される、人工衛星を使って地球上の場所を測定する方法だ。その観測点でのデータを解析すれば、その地面がどれだけ動いているかがわかる。つまり、それは地殻《ちかく》変動や地震を研究するための重要なデータとなるのである。

超満員の夕食会

小屋では、夕方の気象観測をしたり地球物理チームの隊員と談笑したりしながら、あっという間に時間が過ぎて夜の定時交信となる。生物チームは、明後日のざくろ池ヘリオペについての打合せなどをした。

さて、交信後は一二名の大夕食会となった。この小さな小屋の中に、こんなに人が入れたのか？と驚くほどの混雑である。晩ご飯のメニューは水炊きだ。今夜もビールとご飯がおいしい。二二時に終了して、あとはテントで二次会。雪鳥小屋前の広場には、地球物理チームが持ってきたテントも立ち並んでいる。

私はヒラノさんと同じテントで、ウィスキーを舐《な》めながら色々な話をした。だんだんと話がとぎれがちになり、ヒラノさんが寝てしまい二次会も終了。隣《となり》のテントは誰だったのかな、ゴーゴーとものすごいイビキが響いている。

テントの中で慣れないコンタクトレンズを外す。外すだけならば難しくないが、テント内でレンズを扱うのはとても面倒だ。私は二週間タイプを使っているのだが、野外用には使い捨てタイプを持ってくるべきだったと後悔《こうかい》した。

眼鏡に付け替えてから、今日採集してきたコケの紙包みを整理する。サンプル番号が重複してしまったものがあったので、正しく付け直さなければならない。今回使用するGPS装置の使い方も、まだ習熟《しゅうじゅく》していないので、色々とやっているうちに時間が過ぎていく。デジタルカメラの画像をパソコンに取り込んで、写真に記録された時間と手元のサンプルを照らし合わせたりしながら、慎重《しんちょう》にデータを修正した。

今日はたかだか一三個のサンプルを集めただけだ。まずは、この中にクマムシがいるかどうか調べたいのだが、一つ一つのコケを水にしばらく浸《ひた》してから、実体顕微鏡で丹念《たんねん》にクマムシを探すのは、とても時間がかかる作業だ。明日、少しでも顕微鏡作業ができればよいのだが。そんなことを考えながら、二三時四〇分、就寝。

なかなか仕事が進まない……

一二月二八日、ラングホブデ三日目。七時起床。今日の予定は、四《よ》つ池谷《いけだに》方面の調査である。朝食後に準備ができ次第、午前中に出発することにしていた。

しかし、なかなか朝ご飯が始まらない。人が多すぎて一度に朝食の準備ができないからだ。今朝は地球物理チームが先、生物チームは後ということになった。そのにぎやかな朝食の後で、しばらく考え込んでいたツジモトさんが言い始めた。

「三一日から、また四人迎える予定になってるんだけど、それ、やっぱり断りませんか」

交換科学者や小・中学校教員などの見学が入る予定となっていたのだ。

「どうして？」

「だって、なんか人が多すぎてバタバタするばかりじゃないですか。ご飯食べるだけでもこんなに時間がかかっちゃう。しなきゃならないこと多いのに、これじゃ、いつまでたっても仕事が始まらないじゃないですか」

「うーん、でも見学者を受け入れることも仕事のうちだしなぁ」

「それは私たちに余裕があれば、という話でしょ？」

「じゃあ、こうしたらどうかな。ヒラノさんに見学の三人を案内してもらってさ、そのかわり、三人と一緒に来る海氷チームのタカムラさんに生物チームを支援してもらう、という案」

「ダメです」

「じゃあさ、見学者の宿泊はキャンセルで日帰りにしてもらってさ、その一日だけ僕《ぼく》が一人で見学者を案内するからさ、ほかのみんなは仕事に集中するってのは？」

「何言ってるんですか、スズキさんも自分の仕事して下さい！　サービスしてる余裕がないんですよ。とにかく、人が多すぎて落ち着けないのが問題なんだから、申し訳ないけれども今回は見学者を断って、まずは仕事に専念できるようにすべきなんです！」

ツジモトさんの意見のほうが、はるかに説得力があった。結局のところ、支援要員としてのタカムラさんには予定通り来てもらって、見学者三名の受け入れはキャンセルしていただくように、ツジモトさんから昭和基地のミウラ隊長にお願いすることになった。

さて、今日の四つ池谷方面の調査は、午前中に出発するつもりだった。しかし、観測小屋内の整備や、野外調査に必要な準備に時間がかかり、なかなか出発できない。FAタカハシさんとアベさんは、遅《おそ》い〜、まだか〜、というような表情を時おり見せながらも、何も言わずに待っていてくれる。

結局、どたばた準備しているうちに、昼になってしまった。しかしその間に、昨日のデータ回収に失敗した原因もわかってきた。どうもデータ回収用に今回新しく用意されたノートパソコンの基本ソフトが、自動計測器で使用しているソフトに対応していないらしいのだ。

「なんだそりゃ？　ひどい話だね」

「まったく、互換性《ごかんせい》ぐらい調べといてほしいですね」

「それでどうすんのかね、これ？」

「あっ、別に借りてきたパソコンもあるじゃん！　あれなら使えるかも」

「それって、古いOS《オーエス》（基本ソフト）のやつ？」

「たぶん、そうだと思う」

まったく予断は許さないが、たまたま別の調査用に渡された古いパソコンがあったので、それを使えば大丈夫なのじゃないだろうか、ということになった。ま、なんとかなるだろう。ともかく、さっさと昼ごはんを食べて出かけなければ！

四つ池谷調査

さあ、背負子《しょいこ》を背負って出発だ。雪鳥小屋を出て、今日は四つ池谷と呼ばれる地域を目指す。その谷には、雪鳥沢と同様なコケの大群落がある。先導するのはツジモトさんだ。彼女は七年前の四九次隊に参加していて、各地のコケ群落や湖沼への道筋をよく覚えていた。

南極露岩域は、大きな植物はまったく生えていないから、地形図の等高線《とうこうせん》のままの裸《はだか》の地形が見えるだろう。そう私は思っていた。山歩きに慣れた人ならば、地形図を見るだけである程度は歩行コースを考えることができる。私もまったくの初心者ではないし、地形図を読むのが好きなので、このあたりの等高線の間隔《かんかく》が広いから、こっちを回って行けば楽そうだな、などといろいろと想像をめぐらせていた。

実際に歩いてみると、やっぱりそんなに簡単にはいかないことがすぐにわかった。大きな木は生えていないが、大きな岩ならそこいらじゅうにころがっているし、二万五〇〇〇分の一地形図の等高線間隔(五メートル)より小さなゴツゴツした起伏《きふく》や深い亀裂《きれつ》は、地図には現れない。そして、何度か観測隊が通った道筋があって、まったくの人跡未踏《じんせきみとう》ではないとはいえ、ほとんど踏《ふ》み跡《あと》はない。もちろん、「けもの道」もないのだ。日本国内の山で、消えかけた山道やけもの道を探して歩くのと、未踏の地域を歩くのはまったく違うものだなぁ、と思いながら歩いていく。それでも、私たちは地図を持っている。それすらない時代、本当の探検の時代の探検家は、やっぱりすごいなと思いながら歩いていた。

先頭を歩くツジモトさんは、私のそんな感慨などまったく無関係に、慣れた道を歩くように、どんどん進んでいく。私は最後尾から雄大《ゆうだい》な風景にカメラを向け、その中を歩くメンバーの写真を撮影しながら、ノロノロとついていった。

池の底に見えたもの

波打つような丘に囲まれ、乾《かわ》き切った岩だらけの広大な凹面《おうめん》の谷を歩いていくと、ずっと向こうに、キラキラと光る水面が見えてきた。地形図の上にも三つの池が連なっている(図3-15)。

「四つ池じゃなくて、三つ池だね」

「四つ池谷はまだずっと先です」
そんな池をはるかに見ながら歩いていく。三〇分ほど歩いたところで、動物の骨が横たわっている。

図3–15　三つの池が見えてきた

「ここが「アザラシのお墓」と呼ばれる場所です」とツジモトさんが観光ガイドのように言って、コケを少し採集した。

どうして、こんな山の中でアザラシの死体があるのだろう。昔、もっと海水面が高い時代、このあたりは海岸だったのだろうか。しかし、南極の露岩域には、かなり高い場所にもアザラシなどの海獣の死骸がミイラ化して残っていて、海面の変動だけでは説明がむずかしい。ともかく、このような死骸の周りには栄養があるため、砂漠のオアシスのように、コケの小さな群落ができている。

石ころだらけの広い谷間、ここが浜辺となってアザラシが行き来していた時代がある。その肉体をバ

図 3–16　野帳に記録

クテリアが食べ、コケが育つ命の循環《じゅんかん》などに思いを馳《は》せながら歩いているうちに、最初の池の端《はし》に到着した。

「マットだ！」

突然、ナカイ君が叫んだ。ずいぶん興奮している。

「マット……、マットがきれいですよ！」

その池の底を、ふわふわのカーペットのような層がおおっている。これはバクテリアが増殖《ぞうしょく》して作り出したものだ。つまり、そこには大量のバクテリアがいる。微生物学者のナカイ君が興奮するのは当然なのだ。

それにしても、「マットがきれいです」という言い方をするんだな。私はちょっと感心し、バクテリア・ハンターとしてのナカイ君を、秘《ひそ》かに見直した。

バクテリアは生物の中では一番小さな部類で、顕微鏡で四〇〇倍に拡大したぐらいでは、それぞれの個体はまだ小さな点々にしか見えないのだが、こうしてマットのような集合体になれば、昆虫採集と同じような、肉眼による発見の興奮を生み出すことになる。

ナカイ君はいそいそと採集を始めた。彼はピンセットでマットから少量の切れ端をつまみ取って、どんどんプラスチック製のふた付きチューブに入れていく。この容器は滅菌《めっきん》されていて、その中には核酸保存用の液体が入れてある。帰国してから、実験室でじっくりと南極バクテリアの遺伝子を調べることができるはずだ。

今、この現場ですべきことは、野帳《やちょう》(野外用の小型ノート)に採集地の緯度経度などの情報を記録し、サンプルを入れたチューブにもそれと対応する採集番号などを書いておくことだ(図3－16)。

図3-17　カワノリの採集

ひとり忙《いそが》しく仕事に励《はげ》むナカイ君を横に見ながら、ほかのメンバーはゆっくり休憩《きゅうけい》することにした。歩いている間は汗《あせ》ばむほどだが、止まると寒い。タカハシさんが携帯ストーブでお湯を沸《わ》かして、おいしいコーヒーをいれてくれる。温かい飲み物をいただき、行動食として持ってきたクッキーなどをほおばる。

奥にある三つ目の池には、不思議な氷の造形(口絵15)が立っていた。巨大な霜柱《しもばしら》のようだ。「わー、きれい」と見とれているうちに、その巨大霜柱がグラリと傾《かたむ》いたかと思うと、氷の板から切り離されて、ゆるゆると漂流し始めた。

四つ池谷に入って急な谷沿いを歩き、少し開けた所に、ギンゴケの大群落があった。そこでツジモトさんはコケの中の温度を測定するための装置を設置する作業を始めた。私もその周辺でいくつかのコケを採集する。雪鳥沢は素晴らしいが、ここも美しい。ここではどんなクマムシが暮らしているのだろうか。

途中、小さな流れに美しい緑色のカワノリがたくさん生えている場所もあり、これもツジモトさんが採集した(図3-17)。ここにもクマムシがいるかも。いたらいいな。

一七時半で切り上げ、帰りは五〇分ほどの歩きで小屋に戻った。

ナカイ君、やかんの湯で頭を洗う

南極の野外生活三日目の日程が終わって、後はご飯を食べて、定時交信して、寝るだけだ。当然、お風呂なんかない。

「なんか頭皮《とうひ》が大変なことになってきた感じです」とナカイ君が大げさなことを言っている。頭がかゆくなるのは誰でも同じだ。

「どうした?」ぶっきらぼうにヒラノさんが聞く。

「こう見えても、僕は皮膚《ひふ》が弱いんですよ。頭洗わないと湿疹《しっしん》が……」

「やかんのお湯をかけてあげようか」

ヒラノさんは、お湯のたっぷり入ったやかんを持ち出してきた。もう一つ、手鍋にもお湯が入っている。そして、小屋近くの大きな石の上に腹ばいになったナカイ君の頭に、ヒラノさんがやかんのお湯をジョロジョロとかけ始めた。

「わあっ！」

「どうした？」

「き、気持ちぃい」

「なんだよ、熱かったのかとびっくりするじゃん」

「わっ、わっ！」

「今度はどうした？」

「気持ちいい」

「はっはっは」


……何やってんだか、この二人……。


「はい、この鍋のほうもかけようか」

「お願いします」

「これで最後だよ」じゃばっ！

「ひ〜〜〜っ！」

「どうした?」
「つ、冷たっ!」
「はっはっは」

小屋の中は相変わらず大混雑になっている。今夜は地球物理チームが先に夕食を済ませた後で、生物チームの夕食準備をした。本日のタカハシシェフの献立《こんだて》は、焼きポテトとカボチャ、ローストビーフ、野菜スープ。ああ、おいしい。ビールもうまい。今日も良い一日だった。明日は雪鳥池へ行く。

雪鳥池調査

一二月二九日(ラングホブデ四日目)五時半、起床。年寄りだから早く目が覚めるのだろうか。ほかの人たちは七時頃まで寝ていた。朝食後、九時過ぎに気象観測をする。曇り、北西の風一・五メートル、気温氷点下一・四度、気圧九八四・二ヘクトパスカル。

今日の予定は、雪鳥池の調査である。湖底の植生サンプル採集と水質測定。ツジモトさんは水中に新たな自動測定装置を設置し、ナカイ君は、雪鳥池から五〇リットルの採水をする。ほかのメンバーはもっぱら運搬係だ(**口絵11**)。いったん先に採水を済ませ、その水を小屋まで運んでからゴムボートその他を担《かつ》ぐことにした。

　午前中にできるだけ早く出発したいと思っていたが、水質測定器の準備にえらく時間のかかることが判明した。じつは、この装置は買ったままの新品で、各電極の取り付けから行う必要があった。あらかじめ国内で、あるいは「しらせ」の中で準備しておくべき作業だったのだが、新品のまま船倉《せんそう》に入れてしまって取り出せなかったため、準備ができなかったのである。せめて昨夜のうちに準備しておくべきだったが、誰もそれを思いつかなかったのだ。まぁ、いまさらそんなことを言っても仕方がない。

図3–18　ユキドリの夫婦

　結局一二時すぎの出発となってしまったが、これで三度目となる雪鳥沢にやってきた。今日は大きな岩のすき間にいる真っ白なユキドリの夫婦と目が合った。どうかトウカモにつかまりませんように。かわいいヒナを育てられますように（図3－18）。

　池に到着すると、さっそくナカイ君は採水の準備を始めた。滅菌したポリタンク、滅菌したプラスチック製の大きな漏斗《ろうと》、滅菌した柄杓《ひしゃく》。バクテリアはどこにでもいて、自分のからだにだってたくさん付いている。だからサンプリングの際のコンタミ（contamination＝汚染《おせん》、異物混入）には細心の注意が必要で、なかなか準備が大変だ。

ほかのメンバーは、じゃまにならないように、息をひそめて見守る。採水の本番では、一人がポリタンクを支え、もう一人が漏斗と柄杓で水をくみ、タンクが満杯になったら、こちらで受け取って、次のタンクを渡すという流れ作業だ。

重い五つのポリタンクを手分けして背負って小屋まで戻り、遅い昼食をとった。出発前に野外用の乾燥《かんそう》ご飯にお湯を入れて用意しておいたものだ。その後、今度はゴムボートなど湖沼観測道具の一式を分担して背負い、雪鳥池へ戻った。

氷が比較的少ない池の奥の方を選んで、ツジモト・アベ組がボートの準備をする間、私は池の周辺を歩く。そこらじゅうにユキドリの骨が落ちており、骨だらけと言ってよい。まるでユキドリの墓場のようだ。

ボートは一六時半すぎに着水し発進した。安全のため、タカハシさんがボートにつないだ長いロープの端を持って、水辺を歩いて付いていく。ボートが氷の端に着くと、アベさんがオールで氷をガンガンと叩《たた》いている。びくともしない。またアベさんが叩く。ツジモトさんがアハハハと笑う。二人の笑い声が雪鳥池に響き渡る。

「何がしたいのー?」とタカハシさんが聞いている。

本当はもう少し深い池の中心の方に進みたいのだ。今ボートが浮かんでいる場所の水深はおよそ二メートルで、冬季に湖底まで氷結する可能性があって、安定したマットが形成されないのだ。

しかしまったく氷に歯が立たない。ずいぶん苦労しながら、ようやく少しだけ氷の中へ進み、そこで湖底試料《こていしりょう》の採集と水質測定をして、自動測定装置を水中に沈めた。

本当はもう少し……。でもこの氷の状況でできる最大限の努力を払って、やっと一通りの作業を完了したのだ。タカハシさんがロープをたぐり、ツジモトさんたちはボートから水中の写真を撮《と》りながら戻ってきた。

図 3-19　雪鳥小屋で乾杯

仕事をすべて終え、小屋に戻ったのは一八時三五分だった。夕食前に、明日の「ざくろ池へリオペ」に備えて物資の準備をしなければならない。今日と同様の機材をヘリコプターでスリング(つり下げ)できるようにまとめておく。明日からは、海氷チームのタカムラさんも生物チーム支援に来てくれる。

夜の定時交信は、地球物理チームと合わせて四〇分以上もかかった。明日のフライト計画は第一便が八時発予定で、七時までにヘリクルーと気象条件を見て決定し通信する。こちらも七時までに気象観測をしておくことになった。

定時交信後、やっと夕食だ。今夜の献立は、フグのオードブル、白菜サラダ、トマトソースのニョッキ、ポークソテー、八宝菜《はっぽうさい》。

ほかにトマトスープを地球物理チームからもらった。なんと豪華な食卓だ。本日予定した作業のすべて、特にナカイ君の採水五〇リットルが実現したお祝いの乾杯《かんぱい》をした(図3-19)。今夜もビールがうまい。良い一日だった。二四時〇〇分、就寝。

『毎時〇〇分に通信せよ』ざくろ池調査

一二月三〇日(ラングホブデ五日目)。朝七時前に気象報告をした。おりかえしミウラさんから指令が届いた。

『本日のヘリオペは予定通り、ざくろ池到着時には通信すること、その後も毎時〇〇分に通信するように』

「もう……、ミウラさん、ひどい! 何考えてるのかわからない〜!」

隊長はもちろん不測の事態への備えを考えているのだが、ツジモトさんは憤慨《ふんがい》している。「一時間毎に連絡せよ」と言う心配性のお父さんに反発する娘、という情景である。

八時過ぎ、ポールが操縦するベルが、新たな生物支援のタカムラさんと、地球物理チームに支援に入る設営隊員三名を乗せて到着した。ここで設営の三名が降り、私たちが乗り込んで、ざくろ池に向けて発進した。タカムラさんは南極観測が二回目の女性隊員で、海が友だち。専門は海洋の炭素《たんそ》循環などの環境観測なので、おもな仕事場は「しらせ」艦上だ。

ざくろ池まではほんの五～六分の飛行である。『無事に到着』と昭和基地に報告すると、ミウラさんから『今日は気象状況がとても良く、通信状態も良い。もし急変しそうな場合には昭和から連絡するので、毎時の通信はしなくてもよい』と伝えられた。ヘリコプターはこのまま帰りまで駐機《ちゅうき》して、しばらくのんびりとした時間を過ごす。機長らの話によれば、昨夜は五五次越冬隊による五六次隊歓迎会があり、昭和基地では盛大なパーティーだったらしい。

ざくろ池　ガーネット色の砂浜

ざくろ池は海から取り残された塩湖《えんこ》だ(口絵5)。多くの淡水湖《たんすいこ》が氷でおおわれている中で、塩分の高いこの池はすべて青々とした水面である。池の岸辺は、赤紫色《あかむらさきいろ》のざくろ石がくだけてできた美しい砂浜になっている。

まず池を一周してみた。青空の下、明るい岸辺に、アザラシのミイラが静かに横たわっている(図3-20)。そこかしこに二枚貝《にまいがい》の化石(ナンキョクソトオリガイやナンキョクツキヒガイ、図3-21)があり、また塩の吹き出たような縞模様《しまもよう》も見える。あたり一面に、かつて氷河が通り過ぎた時に運ばれてきたらしい大きな岩(迷子石《まいごいし》)がごろごろしている(口絵25)。

今日の作業は二組に分かれて行うことになった。ナカイ君の採水チームにはヒラノさん、私、今日から参加のタカムラさんが加わる。ツジモトさんのボート作業はＦＡの二人が協力する。

午前中に二か所での二〇リットルずつの採水と水質測定を行い、無事に終了。遠くの水面に浮かんでいるボート組に向かって、両手で大きな丸のサインを出した。ボート組は、池のあちこちに移動しながら水底《みなそこ》のサンプル採集を始め、お昼過ぎに戻ってきた。

集めた水底サンプルのうちには、大きな塩の結晶《けっしょう》がザラザラと入っているものもあり、この池の塩分の高さが目で見てわかる。

いちじく池　塩だらけの風景

ざくろ池の作業が終わって休憩した後、今度はいちじく池を目指して歩いていく(図3－22)。ここはさらに塩分の高い湖で、ナカイ君はそこでも採水するのだ。ざくろ池を離れてしばらく岩石砂漠のようななだらかな丘を越えていくと、だんだん景色が白っぽくなってくる。所々の岩の表面が黄色っぽくなっている。

「ドナリエラ(*Dunaliella*)ですかねえ」とナカイ君が教えてくれる。これはバクテリアではなく、緑藻類《りょくそうるい》で、体の中にカロテノイド色素を持っている。わかりやすく言えばニンジンの色の元になるものだ。濃《こ》いオレンジ色の水たまりもあり、ナカイ君が喜んでいる。この水の中には何か微生物が増えているのだ(口絵13)。

一時間五〇分ほど歩いて、巨大なスープ皿のような地形の中に、大きな白い水たまりが見えて

図 3-20　ざくろ池のアザラシのミイラ．背景は長頭山

図 3-21　二枚貝の化石．ナンキョクソトオリガイ(左)と，ナンキョクツキヒガイ(右)

図 3-22　いちじく池

きた。いちじく池だ。その広い岸辺は雪原《せつげん》のようになっている。でも雪ではなく、これがすべて塩の結晶なのだ。ほとんど塩田《えんでん》である(口絵12)。

池の水は、非常に濃く、塩で飽和《ほうわ》したようなとろとろの塩水だ。その浅い水を、柄杓で何度もすくってはポリタンクに集め、ようやく一〇リットルのタンク一つが一杯になった。そして、ここでは水質測定はやめておこう、ということになった。あまりに塩分が高いので、万一《まんいち》測定器が壊《こわ》れたら困る、と思ったからだ。

一六時少し前に、すべての作業を終えて帰路につく。途中、昭和基地のミウラさんから通信が入って『フライト刻限の一七時二〇分を必ず守ること、絶対に守るように!』と念押しされた。その通り、帰りは道草なしで一七時前にヘリポートに着き、荷物をすべて積み込んで一七時一〇分に離陸した。帰りのフライトも六分ほどで、あっという間に雪鳥小屋に着き、『人員・装備ともに異常ありません』という報告をする。

「やれやれ」とミウラ隊長は言った、というのはもちろん私の想像だが、ほっとしたお父さんのような表情が思い浮かんだ。

雪鳥小屋から、地球物理チームの支援作業を終えた三名を乗せ、ベルは昭和基地へと戻っていった。今日の晩ご飯は、ぎゅうぎゅう詰《づ》めの一三名ですき焼きパーティーである。地球物理チームは明日のフライトで昭和基地へ戻るのだ。これまで生物チームを支援してくれたタカハシさんとアベさんも帰ることになっている。明日の第一便は朝七時の予定だ。

カワノリから驚くほどの数のクマムシが……

一二月三一日、ラングホブデ六日目。今朝も膝が痛い。フライトのための気象観測をして、六時半に昭和基地に通信し、第一便を待つ。しかし七時になってもヘリはやってこない。しばらく待つうちに通信が入り『現在、氷床上の視界が悪いため、正午まで天候回復を待つ。それまで待機せよ』と指示された。

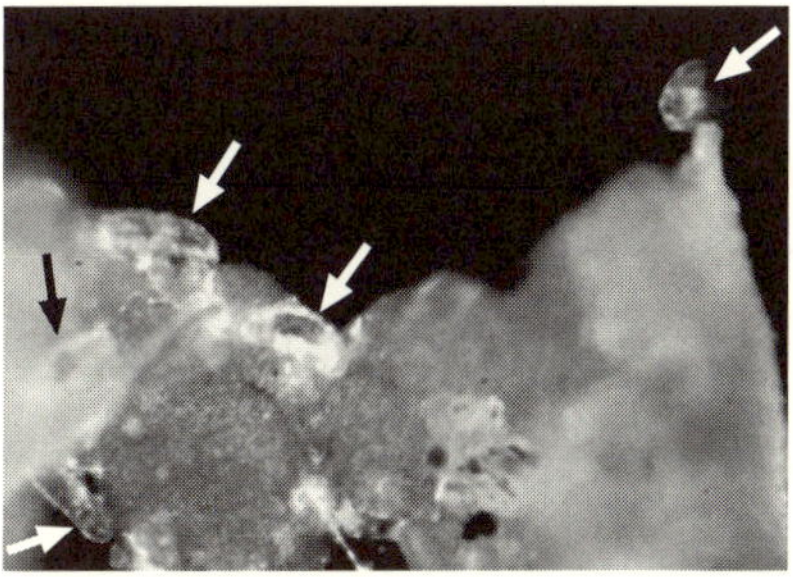

図3-23　カワノリの上を歩くクマムシたち(矢印)

ひまになった隊員たちが思い思いに時間を過ごす小屋の奥で、ツジモトさんがカワノリのサンプルを顕微鏡でのぞいてみると、なんと、その中にはクマムシがウジャウジャといた(図3-23)。

「見て見て、これがクマムシですよー」

「おー、これがクマムシか。かわいい!」

ヘリコプター遅延《ちえん》のおかげで、仲間たちにクマムシを見せることができて、ツジモトさんは本当にうれしそうにしている。

正午の気象、東の風、風速四メートル、気温四度、気圧九八四ヘクトパスカル、曇り、視程二〇キロ。

『本日のラングホブデのフライトは実施《じっし》する』との通信に続き、一三時過ぎにASが昭和基地を離陸したと連絡が入った。そして一五時半まで三回のフライトで八名とその荷物が昭和基地に戻っていった。こうして一三名の大所帯が五名に減って、急に静かになった。

雪鳥小屋の五人

ちょっと寂《さび》しくなったが、ようやく小屋でも仕事に集中。ナカイ君はさっそく池の水をフィルターを使って濾過《ろか》する作業を始めた。

通常、濾過によってバクテリアを捕まえる時、フィルターの穴は約〇・二マイクロメートル(〇・〇〇〇二ミリメートル)という非常に細かいものを用いる。しかし、最近になってもっと小さなバクテリアも多く存在することが明らかになってきていて、ナカイ君はその専門家なのだ。

極小バクテリアを捕まえるためには、二段階目でもっと細かいフィルターを使わなければならない。おまけに自分の手や体表にいるバクテリアが混入しないように、可能な限りの無菌的な操作をしなければならない。ただ水を濾過するだけと言っても、とても難しい仕事なのである。静かになった雪鳥小屋の雰囲気をもっとも歓迎していたのは、じつはナカイ君なのだった。

雪鳥池で五〇リットル、ざくろ池で四〇リットル、いちじく池で一〇リットル採水したから、合計一〇〇リットルの水を濾過することになる。これからひまさえあれば、小屋の奥の隅《すみ》でフィルターを取り替えながら、ひたすら慎重に濾過し続けることになる。

ツジモトさんと私は、雪鳥沢で採ってきたコケを水に浸して、実体顕微鏡で観察して微小動物を探す。すぐに白い小さなクマムシを見つけ、ようやく自分の仕事も始まった気がした。小屋の入り口側では、ヒラノさんとタカムラさんが夕食の準備をしてくれている。

二〇時の気象、西の風〇・七メートル、気温〇・七度、気圧九八三・九ヘクトパスカル、曇り。

大晦日《おおみそか》の夕食は、刺身の盛り合わせ(かつおたたき、ホタテ、サーモン、まぐろ赤身、イクラ)、インゲンごまあえ、けんちん汁《じる》。地球物理チームの置いていった梅酒《うめしゅ》がおいしく、めずらしくツジモトさんが酔《よ》っ払《ぱら》っている。

昭和通信の天気予報では、明日は天気のくずれはないとのこと。明日はお正月だ。おだやかな一日になりそうである。

二二時一五分頃に食卓を片付け、男はテントへ移動する。長く延びる影が夕方の雰囲気だ。二三時過ぎ、長頭山に低い陽光が当たり、オレンジ色の反射が美しい。男三人の静かな酒盛りは日付が変わるまで続き、新年の一時過ぎに就寝した。

雪鳥小屋のお正月

ラングホブデ七日目は、お正月である。九時半頃から遅い朝食。きれいにならべたおせち料理、

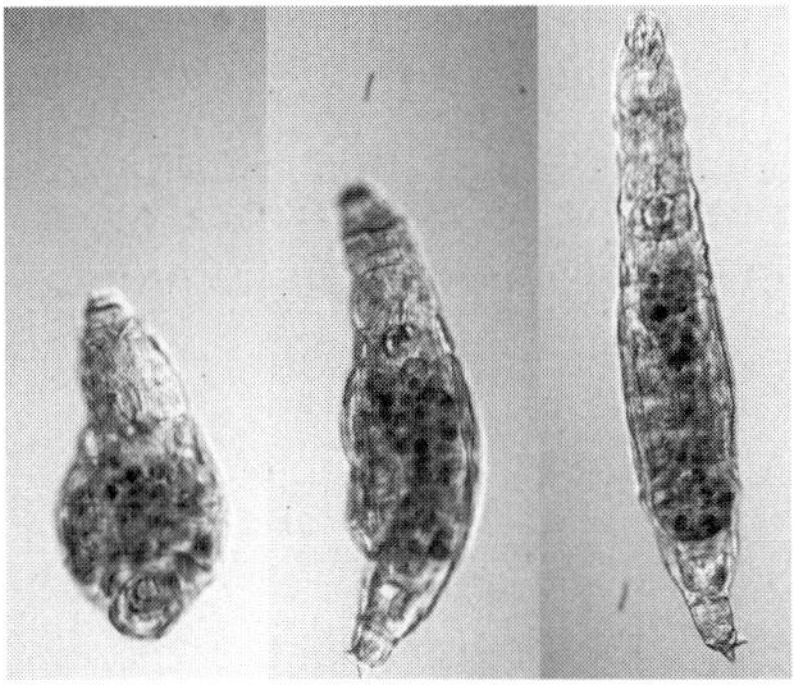

図3-24　ヒルガタワムシ

雑煮《ぞうに》、日本からもらってきたお酒。野外糧食《りょうしょく》の中には数の子《かずのこ》や伊達巻《だてま》きも入っていて、どれも上品な味でおいしかった。一時過ぎまで元旦の食卓を楽しんで、朝から酒を飲んだ皆は、しばらく寝ることになった。私はゆっくり仕事をする。

きのう水に浸《つ》けたサンプルからあざやかなオレンジ色のトゲクマムシをいくつか見つけて標本をつくった(口絵8)。コケからはクマムシだけでなく、センチュウやヒルガタワムシもたくさん出てくる。ヒルガタワムシは標本にするのが特別に難しく、生きている時のスケッチや写真が研究のためには必要である。つまり研究が難しく、分類も遅れている。

一〇〇年以上前の南極で、マレーはヒルガタワムシも数多く記載した。彼は、一九〇八年の南極の小屋で、苦労しながらランプの光の下で顕微鏡写真を撮る試みまでしていたらしい。それに比べれば、私の持ってきた顕微鏡は古いとはいっても七〇年も新しく高性能だ。カメラはデジタルで、すぐ画像を確認できる。道具はとても進歩している。しかし……、観察するヒトの眼の性能は進歩していないのだ。

ヒルガタワムシは、その名の通りひょこひょこと伸《の》び縮《ちぢ》みしながら、さかんに動き回る(図

3−24)。一か所に留まっている場合には、頭部から繊毛環《せんもうかん》を出してグルグル回して水流を起こし、それに乗ってくる微小な餌《えさ》を集めるのだが、写真を撮ろうとすると、歩き回るばかりで、全然止まってくれない。繊毛環を出している時の形が重要なのだが……。

ため息をつきながら、昼過ぎにワムシの写真をパシャパシャ撮っていると、ツジモトさんの目覚まし時計がピヨピヨピヨと鳴った。あれ、起きないな。その後も、五回ぐらい鳴っていたが、全然起きてこない。ま、放っておこう。

今日は昼食なしということになっていたが、だんだんお腹が空いてきたのでカップ麺《めん》とパンを食べ、午後もサンプル処理を続ける。ナカイ君も起きてきて水の濾過をする。夕食まではまだ間があるので、ヒラノさんとタカムラさんは海岸沿いの散策に出かけた。

ラングホブデ前半日程は、もう二日しかない。明後日の午後は片付け始めなければならないのだが、サンプル処理はなかなかはかどらない。散歩から帰った二人が夕食を準備する間もひたすら水に浸したコケの観察を続ける。

今日の夕食は、水で戻してから四日も寝かせてしまったパスタのナポリタン風とクリームソース風だそうだ。意外においしいそれを食べながら、定時交信となった。ミウラさんの話では、今日の昭和基地は丸一日お正月休みだったようだ。そして、「しらせ」は先ほど二〇時より、砕氷《さいひょう》を再開したとのこと。まだ接岸にいたらず、前進の苦労が続いているのだ。

南極の空気

一月二日(ラングホブデ八日目)午前中にいくつかクマムシの標本を作ってから、午後は皆で、雪鳥小屋近くの一八九メートル峰《ほう》まで一時間ほどの遠足に出かけた。頂上からは三六〇度の絶景である。

「しらせだ!」

北の方角、長頭山の左遠方に「しらせ」がいた。今日もラミングをしているのだろうか。ぐるりと見回し、反対方向のハムナ氷瀑《ひょうばく》の右側ずっと遠くには黒く高くそびえる山が見える。一次隊が登ったボツンヌーテンだろうか。

ツジモトさんは、小さなガラス瓶を高くかざしている。

「何してるの?」

「空気を詰めてるの。イムラさんへのお土産《みやげ》です」

極地研の師匠《ししょう》・イムラさんから頼《たの》まれたのだ。厳しい南極の規定でも、空気を持ち帰ることは禁止されていない。

南極のおだやかな正月は、こんな感じで過ぎていった。明日は、また四つ池谷調査の続きだ。

一月三日(ラングホブデ九日目)

ご飯と梅干し、白菜のみそ汁の朝ご飯を食べてから、九時過ぎに四つ池谷へ出発した。初めて行った時にナカイ君が「マット」と叫んだ池のあたりで少し休憩した後、ツジモト・ナカイ・ヒラノ組とスズキ・タカムラ組に分かれた。ツジモトさんたちは少し上流のカワノリ地点で温度センサーの設置とサンプリング。私たちは、この近くに豊富に生えているギンゴケ群落から、いくつか場所を選んで採集をしていく。

お昼過ぎ、今度はツジモト・ナカイ・タカムラ三名でギンゴケ群落でも測定装置の設置作業を始め、私とヒラノさんは下山することにした。

小屋に戻ってから、私は昨日水に浸した試料の検鏡《けんきょう》をする。きれいなオレンジ色と灰色の地衣から、何が出てくるかな……。残念、何もいない。これまで採取した試料の整理を続けているうちに、ほかの三名が戻ってきた。今度は、明日の撤収《てっしゅう》に備えて整理を始める。タカムラさんとヒラノさんも、一般物資を精力的に整理してくれるので、本当にありがたい。

夕方、ざくろ池でツジモトさんが採った湖底試料の残り物がコンテナに入ったままになっていたので、それを水場に持っていって、淡水で洗って三二マイクロメートル(〇・〇三二ミリメートル)メッシュで濾過する。きれいな水が豊富にあるので仕事がやりやすい。今回は海のサンプリングをする余裕がなく、海水(塩水)試料はこれだけだが、後半に来る時は、海岸での採集もやりたい。やらなければ！

定時の気象は西南西の風一・九メートル、気温一・六度、気圧九八九・五ヘクトパスカル、晴れ。晩ご飯は、ほうれん草・ニンジン・ハムの炒《いた》め物、おでん、ご飯。今日もご飯とビールがうまい！　良い一日だった。ラングホブデ調査の前半は、今日で終了。タカムラさんとヒラノさんへ感謝の言葉を贈る。

定時交信で天気予報を聞き、明日のフライトについて確認する。すべて小型ヘリで、第一便は一三時、隊員二名と荷物を運ぶ。第二、三便はスリング(ぶら下げ)で各五〇〇キロの物資、第四便で残り三名を運ぶ予定。決定は七時だ。朝六時半に気象観測しておくこと。さあ、明日はまた荷物運びの日だ。

二二時一五分に発電機を止めると、雪鳥小屋の周りが静寂に包まれた。ヒラノさんのテントでラングホブデ前半最後の二次会をする。

ギョギョギョギョ、ギョギョギョギョギョ……。かすかな声がする。あたりの岩山から聞こえるのは鳥のひなの声だろうか。ジージージージ。ジージージー。これは親鳥か。黒っぽいウミツバメのような小型の鳥が飛び回っている。昼間も鳴いているのかもしれないが、発電機の音があるから聞こえないだろう。すぐ近くにいくつか巣作りをしている鳥たちの声を聞き、ウィスキーを舐《な》めながら、私たちはいったい何を話していたのか……。

二四時一〇分、就寝。

ラングホブデから昭和基地へ

一月四日(日)五時一〇分、起床して南極日誌を書く。

朝の気象、西南西の風一・〇メートル、気温氷点下一・五度、快晴。

本日のフライトは予定通り行われることになった。おにぎりとインスタントみそ汁の朝ご飯。デザートに豆大福《まめだいふく》を食べてから、まず顕微鏡を片付け、その他の機材もせっせと整理する。発電機にも給油しておく。なんとか片付いて、いったん小屋閉めする準備ができた。昼食はカップラーメンで済ませ、ヘリコプターを待つ。

一三時一二分、フィリップ操縦のASが到着した。この第一便には私とタカムラさんが乗り、機内にもぎゅうぎゅうに荷物を詰めて一四時ちょうどに離陸した。空から雪鳥小屋にさよならをする。長頭山を越えると眼下に青々とした湖水が見える。さよなら、ざくろ池。海氷上をまっすぐ北上する。途中、氷に囲まれた「しらせ」が見える。もう昭和基地のすぐ近くまで来ている。

一〇分で昭和基地に着くと、ミウラさんがトラックで出迎えてくれた。冷凍品(採集試料や食料など)と冷蔵品を真っ先に第一夏宿へ運ぶ。すぐ戻って残りの荷物を車庫へ運ぶ。そのうち第二便の物資が到着し、車庫へ運ぶ。第三便で残りの荷物と残り三名もぎゅうぎゅう詰めになって到着した。荷物整理、ゴミ片付け。ダンボール、トイレゴミ、生ゴミは焼却棟《しょうきゃくとう》へ運ぶ。運べ、運べ。重い、重い。特にトイレゴミは重たいのだ。

夏宿で久しぶりの風呂に入ってすっきりした。食堂入り口のホワイトボードに赤いマーカーで「一月四日しらせ情報」と書いてある。「二一時現在、多年氷帯《たねんひょうたい》からの進出距離五八五八メートル、昨日二〇時からの進出距離一〇八五メートル」だそうだ。時速四三・四メートルである。あいかわらず、ずーっとラミングしているのだ。でも、あと少しだ。

夏宿の縁《えん》の下(天然の冷蔵庫)に置いてある越冬ビール(越冬隊からの放出品)を持ってきて飲む。古いビールはもっとマズいかと思っていたが、味がまろやかで意外にうまい。

しかし夏宿は窮屈《きゅうくつ》だ。洗濯してから、二三時半頃、就寝。

第4章
南極の風景——スカルブスネス

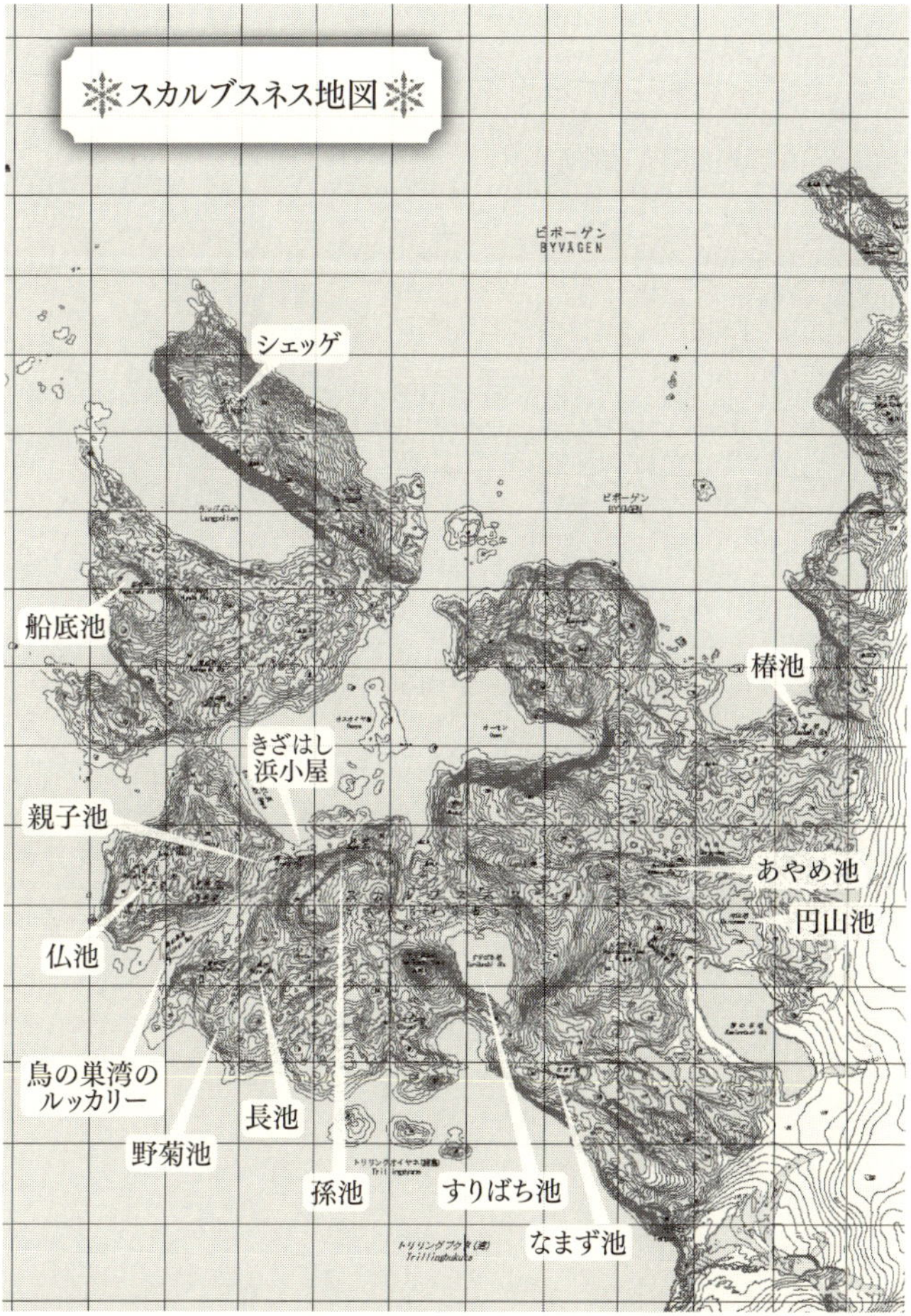

（国土地理院地形図より改変）

計画停電

一月五日　あけましておめでとう。元気ですか。こちらはちょっと疲《つか》れてるけれど、元気です。昨日の午後、昭和基地に戻りました。九日風呂《ふろ》に入らずゴワゴワになった頭を洗うのが気持ち良かったです。「ア〜〜」と言いながら頭を洗いました。腕《うで》からはボロボロと垢《あか》がたくさん出ました。仕事は順調ではありませんが、ボチボチ進んでいます。今日、昭和基地は訓練のためもうじき停電になるので、ひとまずここまでで送ります。パパより

ラングホブデから昭和基地に戻った翌日は、計画停電の日だった。越冬《えっとう》中に停電するという、あまり考えたくない非常時に備えるため、越冬隊のメンバーは丸一日かけて訓練する。

越冬隊員たちが訓練のため工事現場から抜けても、昭和基地の夏隊員は通常通りの設営作業に励《はげ》んでいる。もし時間があったら、私も工事の手伝いに行けるかな、と思っていたが、結局そんな余裕《よゆう》はなかった。明日からの調査の前に、まずラングホブデから持ってきた荷物の整理から始めなければならない。見学予定者を断ったため、その三名分の野外糧食《りょうしょく》も、きっちり分けて箱《はこ》詰《づ》めして返却しなければならなかった。

この日の昼食は、おにぎりとからあげとみそ汁《しる》。夏宿《なつしゅく》の食事は海上自衛隊による調理だ。いわゆる「南極料理人」は越冬隊のためのシェフなので、五六次隊の調理隊員は二月の越冬交代までは腕をふるう出番がない。つまり私たち夏隊員は、彼らの料理にはありつけないのである。

一月五日(二通目) ユリちゃん、今日は一日基地にいて、明日からのキャンプの準備や記録の整理をしています。明日からはスカルブスネスという場所にヘリコプターで行き、またテント生活です。くわしくは今夜決まりますが、たぶん今度は二週間ぐらいになりそうです。

今朝はずいぶん疲れがたまっていて、起きるのがしんどかったです。でも、けがもなく元気です。ユリちゃんもママも風邪《かぜ》ひかないように気を付けてくださいね。パパより

スカルブスネスへ出発

一月六日。良い天気でヘリコプターは飛べそうだ。出発は一〇時半。スカルブスネスでは一二泊の予定となったが、天候と仕事の進み具合次第だ。朝食は、ご飯とみそ汁、ハム二枚。朝食後、トラックで冷凍・冷蔵品をヘリポートへ運び、積荷《つみに》を下ろしてから、今度は車庫の荷物置き場とヘリポートを三往復して、すべての必要物資を移動した。

九時半頃、いったん夏宿へ戻って休憩《きゅうけい》していると、ミウラ隊長から通信が入った。

『予定より早く進んでいるので、今すぐ、ヘリポートへ来てください』

ヘリポートで、ナカイ君は隊長から小型のダンボール箱を一つ受け取った。中には生卵のパックがいくつか入っている。

「いいか、この箱はヘリの中でもぜったいに自分の膝《ひざ》の上に載《の》せておくこと。生卵はホントに本当に大事なんだからね。壊《こわ》さないように、決して手放すんじゃないよ」

一〇時一四分、小型ヘリASが、生物チーム二名(ツジモトさんと私)と、小屋開け担当の機械隊員として、五五次越冬隊のカネダさんと五六次越冬隊のオオダイラさんの二名、そして若干の荷物を載せて出発した。

上空から池の氷の状況を偵察《ていさつ》しながら飛んでいく。エンジンの爆音が響く機内で、ツジモトさんはさかんにカメラのシャッターを切っている。椿池《つばきいけ》、円山池《まるやまいけ》は少しだけ水面が開いていたが、長池《ながいけ》や野菊池《のぎくいけ》など、多くの池はほとんど凍《こお》ったままだ。この現状では、どの池でも作業が困難だと考えられた。ツジモトさんの表情は曇《くも》っている。

ずいぶんあちこちをグルグルと偵察して飛び回った後、ちょうど三〇分後、一〇時四四分にスカルブスネスに到着した。

きざはし浜《はま》

降り立った海岸は「きざはし浜」と呼ばれている。「きざはし」を漢字で書くと「階」である。階段の浜。越冬隊長のミウラさんは、ここが大好きな場所だと言っている。彼の専門は地形学だ。この浜は長い地球の歴史を思わせる格別な形をしているのである(口絵16、17)。

海岸からむき出しの平たい岩を何段か昇ると、しばらく石ころ交じりの砂浜が続き、少し上がった所に「きざはし浜小屋」がある(図4−1)。その小屋の裏手から再び大きな岩の段々が連なり、浜の両側の小高い山に続いている。また、海岸から海の向こうを見ると、シェッゲ(ノルウェー語で「ひげ」、口絵19)と呼ばれる高さ四〇〇メートルの山の断崖絶壁《だんがいぜっぺき》がそびえている。

図4–1　きざはし浜小屋

私たちは、休む間もなくヘリコプターから荷物を降ろす作業をする。降ろした荷物はえっさえっさと小屋の前へ運んで並べる。

私たちと同行した機械隊員の二人は、すぐに発電小屋の立ち上げ作業を始めた。発電機の説明を聞いた後、エンジン点火ボタンを押す。

「あれ？　かからないな……」

今度は手動による始動を試みるが、プスプス言うばかりで動かない。

「バッテリーが切れているみたいですね」

発電機が動かなければ、通信設備も使えない。とりあえず昭和基地への通信をイリジウムで入れる。これは通信衛星を利用する携帯電話で、地球上どこでも使えるのだが、使用料が高いので普段《ふだん》はあまり使わない。しかしせっかくそんな電話を使ったのに、アンテナの状態のせいだかなんだか、理由はよくわからないが、どうも応答が悪い。

通常の発電機は軽油《けいゆ》(ディーゼル燃料)を使うが、今度はガソリンで動く非常用の小型発電機をかけてみた。おお、かかった。よかった。さっそくVHF(超短波《ちょうたんぱ》)の通信機に給電する。通信が良い感度で入り、二人の機械隊員が状況報告をして、発電機のバッテリーとコードを送ってもらうことになった。

一一時〇五分、中型ヘリのベルが物資満載で到着し、積荷を降ろすとすぐ離陸していった。ベルは小屋から遠い海寄りに着陸したため、物資の移動が大変だ。機械の二人は発電小屋、ツジモトさんは通信機に張《は》り付いている。残る私一人で、少しずつ積荷を移動する。

「ふう、重い」

ヘリと小屋の中間地点まで、大量の荷物の山を移動していると、オオダイラさんが応援に来てくれて、二人で荷運びを続けた。

その頃、昭和基地のヘリポートでは、ナカイ君がミウラ隊長から受け取った大切な箱をしっかり抱いて、ヒラノさんとともに小型ヘリASに乗り込んだ。ローターが回転し、機内は爆音につつまれる。

一一時五四分、ASがきざはし浜に到着し、ヒラノさんとナカイ君がうれしそうに降りてきた。いくつかの積荷を降ろすとすぐ、ヘリのエンジンが動く音。あっというまにローターの回転数が上がり、すさまじい下降気流がたたき付けてきた。私たちはあわてて荷物の移動作業を中断し、その場で身を伏《ふ》せた。

いくつかの箱が吹っ飛ぶのが視野の隅《すみ》で見えた。フィリップ機長からそれを回収するよう指示が出て、ヒラノさんが転がった箱を拾うとヘリは離陸していった。その際にまたいくつかの箱が転がった。

「はー、びっくりした。ほんと、頼《たの》むよ、いきなり飛ぶなんて聞いてないよ」

そう言いながら、すさまじい風圧で転がったダンボール箱を片付ける。

「ありゃりゃ? これってもしかしたら、卵が入っている箱なんじゃないか?」

おそるおそる中をちょっとのぞいてみると、幸いぐちゃぐちゃにはなっていないみたいだ。その箱の件をヒラノさんと話しながら、残りの大量の物資をえっさえっさと片付けた。

「それにしてもナカイ君、卵にものすごく気を付けてたのになぁ。なんであんな所に置いちゃったんだろう」。ヒラノさんがぼそっとつぶやいた。

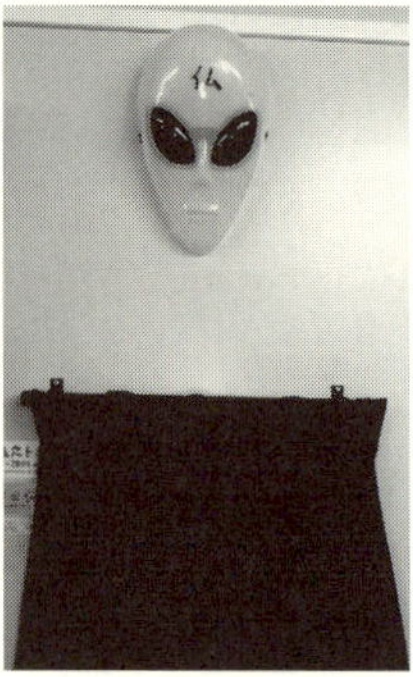

図4-2　「イムさん」のお面

きざはし浜小屋の小屋開け

さて、まだ発電機は動かないが、その他の作業はとりあえず終わった。あとは中型ヘリの最終便が残りの物資とともに飛んでくるのを待つだけだ。

「じゃあ、昼ごはんの準備しましょうか！」とツジモトさんの声。

きざはし浜小屋の玄関《げんかん》は小さな前室になっている。少しだけ荷物を並べるスペースもあって便利だ。この小屋は、ツジモトさんの師匠《ししょう》であるイムラさんたち四五次隊の生物チームによって、二〇〇三年一二月に建てられた。雪鳥小屋に比べて新しく、すっきりとして仕事がしやすそうだ。部屋の壁《かべ》に、額《ひたい》に「仏」と書かれた奇妙《きみょう》なお面がかけてある。これは「イム」さんのご尊顔《そんがん》らしいので、一応は拝んでおこう（図4-2）。

この小屋での飲料水は、近くにある親子池からくむことができる。その水くみはヒラノさんとナカイ君がやってくれた。今日の昼食はレトルトのカレーだ。お湯が沸《わ》いたら、ご飯とカレーを温めるついでに、卵もゆでることにした。結局、卵は大丈夫だったのだ。

「カネダさんはお弁当ですか、いいなあ」

彼は五五次の越冬隊員なので、南極料理人の作ってくれた豪華《ごうか》なお弁当を持ってきたのだ。

鍋《なべ》から湯気が立ち上る。暖かい空気がみんなの心もゆったりと温かくしていく。ツジモトさんは楽しそうに卵をゆで始めた。

その時、これまで黙《だま》り込んでいたナカイ君が口を開いた。

「大事なお話があります」

皆いっせいに彼のほうを見た。

「じつは……、じつは、卵が割れてしまいました！　本当に申し訳ありません！」

ガバっと土下座《どげざ》をしてあやまるナカイ君。あっけにとられる私たち。

次の瞬間、小屋の中は爆笑の渦《うず》となった。

「あはははは！　もーお、ナカイ君、私が今何やっていると思ってるの？　ほら、卵をゆでてるんだよ！」

「え？　あ！」

「あはははは」

さて、ここで少し時間を戻して何があったか再現してみよう。

親子池のほとりで水をくみながら、ヒラノさんがナカイ君に言っている。

「ナカイ君、いちおう皆にあやまっといたほうがいいと思うよ」

「え？　な、何ですか？」

「もしかしたら……」

「も、もしかしたら、何ですか？」

「もしかしたら……、卵が割れてしまったよ……」

ナカイ君は瞬間凍結《とうけつ》した。

「さっき、卵の箱が吹っ飛んでさ」

絶句するナカイ君。この時ようやく卵の箱のことを思い出したのだ。

「うわあぁぁ！　皆の大切な生卵がぁぁ……」


彼は小屋に戻った後、いつ話を切り出そうかと、そればかり考えていたのだ。そして、皆が楽しそうに、お昼ご飯の支度《したく》をしている様子も目に入らなかったというわけだった。

「あっはっはっは」

皆から笑われながらヨロヨロと立ち上がったナカイ君であった。

「まあ、ゆで卵でも食べて、ナカイ君！」

まだあせっているナカイ君は、半熟のゆで卵が上手にむけない。力が入り過ぎて親指がブシュッと殻《から》を突き破ると、やわらかい卵の黄身がズボンにポタポタポタポタ……。

「もお、何やってるの、ナカイ君」

「わっはっはっはっは」

きざはし浜での小屋開けは、にぎやかに過ぎていった。

鳥の巣湾《わん》

楽しいお昼ご飯が済んだ頃、ベルが今日最後の荷物満載で海のそばに着陸した。もう少し小屋の近くに降りられないのか。ポール機長の話では、小屋の近くは水平じゃないので、ベルは着陸できないそうだ。しかたがないなぁ。えっさえっさと、また荷物の移動だ。バッテリーも届いてエンジンは一発でかかった。荷物の移動も一段落した。まだ午後二時である。

「じゃあ、これからペンギン見に行きましょう！」

鳥の巣湾と呼ばれる場所の先に、アデリーペンギンの小さな営巣地《えいそうち》(ルッカリー)があるのだ。ヘリコプターの帰りの便は一六時四〇分発の予定なので、ヘリクルーが一緒に行っても間に合いそうだ。でも時間の余裕があるわけでもない。時間が気になるツジモトさんは、先頭でどんどん歩いていくため、列の後ろはちぎれそうになる。特に不慣れなヘリクルーと、写真撮影をするヒラノさんが遅れがちだ。私は先頭と後ろ両方が視野に入る位置で歩く。

鳥の巣湾の途中《とちゅう》で、一羽のペンギンが現れた(図4-3)。なんでこんな所を一人で歩いている

図 4–3　雪どけの鳥の巣湾と，アデリーペンギン

のだ？　はじめて近くで見るペンギンの写真を撮《と》ってから、また先を急ぐ。

一四時五〇分、ルッカリーに到着した。小さなルッカリーだ。ごろごろと岩の転がる小高い岸辺に、不思議な小さな空間ができていて、その中心に大きめの丸みを帯びた岩が一つ。アデリーペンギンはその岩の周りの広場に集まっていた(口絵18)。成鳥は全部で三〇羽ぐらいだろうか。灰色のヒナはすでにかなり大きくなっている。そばに一羽のオオトウゾクカモメがしゃがんでいる。ヒナをねらっているのだろうか。海では数羽のペンギンが遊んでいる。

ペンギンは自分の子どもしかかわいがらないので、時々、小さな争いもあるようだ。一羽のペンギンが、真ん中の大岩に登った。両手を広げ、周りを見下ろして、まるで演説をするかのようなしぐさをしている(図4－4)。

「こらこら、弱い者いじめはやめて、みんな助け合おうよ。今日は久しぶりに見物人も来てるよ。私たちの素敵《すてき》な生き方をみせてやろうよ」

図 4-4　アデリーペンギンのルッカリー

それにしても、のどかで、ささやかなペンギン村。

ルッカリーからは五〇メートルほど離《はな》れて観察する。営巣地以外でも一般に「ペンギンの五メートル以内に近づくな」と指導されていて、私たちはそれを守っているのだが、ペンギンの方からどんどん近づいてきてしまうこともある。

ルッカリーの周辺はペンギンの排せつ物のため栄養が豊富で、そんな場所にはコケが生えている。ツジモトさんと私は、そのあたりでコケ試料を一つずつ採集した。

午後三時を過ぎたので、そろそろ戻り始める。パイロットのポールが遅れがちだが、なんとか頑張《がんば》って、四時過ぎに無事に全員きざはし浜に戻った。しばらく小屋で休憩してから、ヘリクルーはベルの発進準備をする。一六時四〇分、定刻に機械隊員の二人が搭乗《とうじょう》し、五分後に離陸していった。小屋に残ったのは四名だ。

ヒラノさんが夕食の準備をしてくれるので、生物チーム三名は一九時過ぎまで荷物の整理をした。晩ご飯は、すごい量の牛肉と野菜の炒《いた》め物、かぼちゃの煮《に》付け、白菜と油あげのみそ汁。

おいしい。ビールもうまい。

定時交信で天気概況《がいきょう》を聞く。『今日は上空を気圧の谷が通過し、雲の多い天気でした。明日も引き続き雲が多く、その後は晴れ、明後日は湿《しめ》った空気の影響で、朝晩曇るでしょう』

二二時頃、男三名はテントへ移動する。テントは三つで個室である。私は六角形の広いテントで、私の部屋兼《けん》飲み会部屋ということになった。

二三時二四分頃、飲み会終了。コンタクトレンズを外し損ねて、どこかへ飛んで行ってしまった。あいかわらず慣れないので難しい。歯みがきをして、二三時五五分、就寝。

きざはし浜小屋の朝

一月七日(スカルブスネス二日目)朝三時半頃、トイレのため岩の階段を降りて海岸に行く。イテテ……。あいかわらず膝が痛い。見上げると青空には巻雲《けんうん》が美しい。テントに戻ってもう一眠りする。

六時に起床して、テントの中で日誌書きをする。八時過ぎにナカイ君が発電機を始動し、静かな時間は終了。また新たな一日が始まる。今朝はテント内でコンタクトレンズが上手くはまって気分が良い。

朝食は、ご飯三杯、梅干し、野菜の煮物、タマネギのみそ汁。

「課長、すごい食欲ですね」

「はっはっは、今朝もご飯がおいしいねえ」

朝食後、小屋の中で仕事ができるよう整備する。暖かい部屋の中で顕微鏡《けんびきょう》が結露《けつろ》してしまい、しばらく放置してから組み立てる。昨日のうちに室内へ箱ごと入れておけばよかった、と後悔《こうかい》しながらほかの仕事をする。

この小屋は、古い雪鳥小屋とは違って、ずいぶん明るい雰囲気《ふんいき》だ。小さなオーディオセットもあり、皆、自分が持ってきた音楽を順繰《じゅんぐ》りにかけている。ヒラノさんの選曲は幅《はば》が広いが、ナカイ君の趣味は、パンクロック主体でやかましい。私はやかましい音楽も嫌いではなく、昔のフリージャズのドシャメシャ……という感じの曲などで仕事がはかどるのだが、本当はバロック音楽を流しながら顕微鏡をのぞきたい。ヒラノさんが一曲だけ、バッハのゴルトベルク変奏曲を持っていたが、残念ながら私は何も持ってこなかったので、文句を言わず彼らのコレクションを聴くしかない。

昨日のペンギン村のコケを水に浸《つ》ける。小さな白いクマムシがたくさん出てきた。ほかにヒルガタワムシ多数と、少しだけセンチュウがいた。実体《じったい》顕微鏡では、時々ワムシが二つの繊毛環《せんもうかん》を出して回しているのが見えたが、スライドガラスに載せて写真を撮ろうとすると、残念ながら、ひょこひょこ歩いている場面しか見られなかった。

海岸で昼寝

遅《おそ》い昼食でカレーライスを食べてから、夕方から近くの孫池《まごいけ》の方へ下見に出かける。途中でコケを二つだけ拾う。私はこの近くの海岸を、海での採集の候補地として考えていたのだが、そこは石だらけの広々とした浜だった。もう少し細かい砂が良いかな……。風が冷たいが、寝転ぶと暖かい。四人でしばらく昼寝をした(図4－5)。

帰り道、ナカイ・ヒラノ組は孫池で採集。スズキ・ツジモト組は海沿いを歩く。少し西側の海岸は、粗《あら》い砂浜になっていて、海仕事はこっちのほうが良さそうだ。

小屋に戻って、また顕微鏡仕事(図4－6)。ルッカリー付近のコケからは少なくとも一九頭の白いクマムシが見つかった。本当は一頭ごとに別々のスライド標本(図4－7)にしたほうがよいのだが、時間がかかるので今回は一枚のスライドガラスに全部まとめてしまった。これが南極に来てから作った八番目のスライド標本だ。一番から七番までは、ラングホブデで作って、まだ雪鳥小屋に置いてある。

今日の晩ご飯は、鮭《さけ》鍋(鮭、フグ、キャベツ、ジャガイモ、がんも、こんにゃく)とホワイトアスパラ。

『明日から明後日にかけて気圧の谷と湿った空気の影響で雲が広がりやすいでしょう』

図 4-5　海岸で昼寝

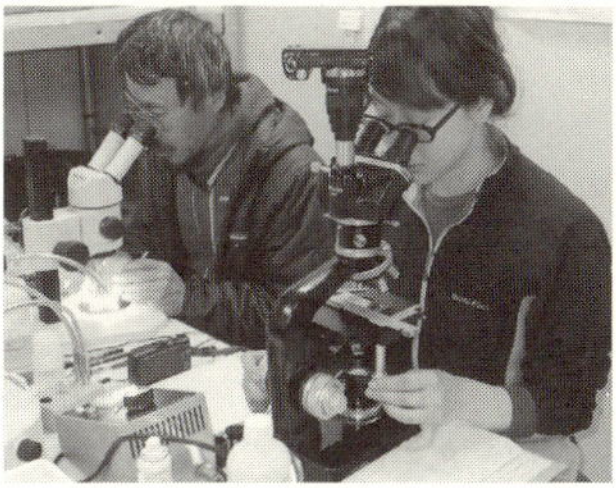

図 4-6　顕微鏡仕事のツジモトさんと私

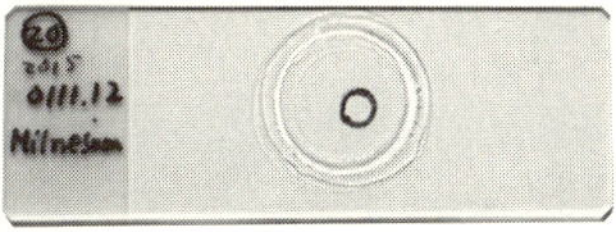

図 4-7　スライド標本

という今夜の天気予報を受けて、ミウラさんから今後のヘリオペ変更について連絡された。明後日、九日に予定していたインホブデ遠征《えんせい》は、天候その他の理由で延期。その後の予定についても調整して、明日以降に改めて連絡するとのこと。

　指先の荒《あ》れがひどくなってきた。

二三時三〇分、就寝。

なまず池方面の調査

　一月八日、スカルブスネス三日目。五時〇八分起床。テントに霜《しも》が降りた。外に置いてあるプラスチック製コンテナも白くなっている。静かだ。時おり、ジャッジャッという鳥の声。

テントで日誌書きをする。今朝は寝袋《ねぶくろ》に足を突っ込むだけでは寒い。

六時二一分、急に陽射しが強く暖かくなり、外のドラム缶《かん》の中の空気が膨張《ぼうちょう》して、ボンと音をたてた。グェーグェーと、トウカモ二羽が鳴いている。

七時二五分、ナカイ君が発電機を始動した。また一日の始まりだ。

今日はなまず池方面へ向かう。昨日の孫池から山の方へ進む。途中の斜面《しゃめん》に細い流れがあり、赤い色の帯が見えた。バクテリアが作る色らしく、ナカイ君が喜んでいる。三〇分ほどで通称「田村峠《たむらとうげ》」に着いた。地図にはその名前は載《の》っていない。一一年前、環境省の田村さん、つまりヒラノさんの先輩が、ここでトウカモに襲《おそ》われて逃《に》げ回ったことに由来する。幸い、今日は凶暴《きょうぼう》なトウカモはいないようだ。この辺りの岩には地衣類《ちいるい》がとても多いので、次に来る時にその採集を予定して、先を急ぐことにする。

すりばち山、すりばち池、なまず池

峠を過ぎ、奇怪《きかい》な形のすりばち山のすそを歩く(図4-8)。広範囲にコケ群落《ぐんらく》がある。

「七年前には、この辺り、もっと青々としていたんですけどねえ」とツジモトさんが言う。カワノリも干からびている。赤や白のバクテリア・マット。小さな池のほとりには管状《くだじょう》の化石が多数。カンザシゴカイ類の棲管《せいかん》(分泌物《ぶんぴつぶつ》などから作った巣穴)のようだ(図4

図 4–8　奇怪な形のすりばち山

図 4–9　管状の化石

図 4–10　すりばち池．左にすりばち山，中央の遠方にシェッゲ

図 4–11　黒いオイルを流したような縞模様

−9)。ざくろ池と同様の二枚貝の化石も見られる。

一一時頃、すりばち池という大きな塩湖《えんこ》の端《はし》に着いた(図4−10)。池の北岸を東に進む。広い沢筋《さわすじ》にコケが多い。赤い岩肌《いわはだ》の一面に、上から黒いオイルを流したようなシアノバクテリア(酸素発生型の光合成を行う原核生物)の作った縞模様《しまもよう》が見える(図4−11)。ここで小休止。今日は曇って寒く、鼻水がたれてくる。所々、砂地にコケが生えている。表面の砂を払うと、「おー、緑!」あざやかな緑色が現れる。

すりばち池から離れてしばらく左側に登っていくと、右手になまず池が見えた。そして前方に雪渓《せっけい》が現れ、ますます寒くなる。雪渓を越え、広い沢の上部に広がるコケ群落にたどり着いた(口絵23)。粉雪が舞《ま》っている。ここで昼食をとり、付近のコケを採集した。寒くてまた鼻水がたれる。早く帰りたいと思ったのは今日が初めてだ。

「夕食は鍋ですね」。ヒラノさんが、皆が考えていることを口にした。

一四時過ぎに下山開始。途中、すりばち池の南側の海に降りてトイレ休憩をする。ここにもコケ群落があった。すりばち池に戻り、横に長い池の北岸を、コケの採集をしながら歩く。一六時にパンとアップルティーの休憩。温かいお茶が本当においしい。

行きには気付かなかったが、池の西端近くで、ボートのオールを一本拾った。ロープも放置されており、これも回収。池の西端には細長いボートのようなものが放置されており、その少し上部には壊れたボートや黒いプラスチック製の部品、三メートルほどのゴムの管状の物が二本見つかった。昔の湖沼《こしょう》調査の置き土産《みやげ》だ。次に来る時のために置いてあったのかもしれないが、今では風化してゴミとなっている。すべての回収は不可能だが、持てる物だけヒラノさんと二人で拾い集め、担《かつ》いで歩いた。

気圧の谷と湿った空気

今日の夕食は、ぶたキムチ鍋だ。温かい鍋をつっつきながら、定時交信の時間となる。天気概況『気圧の谷と湿った空気の影響で曇り、雪と霧《きり》をともないます。明日から明後日も引き続き曇りで、弱い雪や霧となることもあるでしょう』

ミウラさんから、「しらせ」接岸が一一日あるいは一二日となる可能性があり、それにともないヘリオペ全般を再検討すると伝えられた。また明日からの天候も心配があるとのこと。こちらからは、インホブデを最優先で計画してもらうようお願いした。最も遠方のインホブデには、これまで生物チームが行ったことがなく、生物試料が採集されたこともない。日帰りで時間が限られたとしても、ぜひ行きたいのだ。

「ところでナカイ君ってどんなヒトが好きなの?」

定時交信後は、この話題が沸騰《ふっとう》して、ふと気付くともう二三時半だ。今夜はこれでおひらき。

きざはし浜の景色を見ながら歯をみがき、二四時三五分、就寝。

予断を許さぬヘリオペ

一月九日(スカルブスネス四日目)五時過ぎに起床。古い友人が引っ越しする、という夢を見ていた。南極で夢を見たのはこれが初めてのような気がする。明るい陽射しでテント内は暖かい。ドラム缶がボンと音をたてた。天気は快晴《かいせい》だ。しばらく日誌書きをするうち、急に陽がかげって寒くなる。気温氷点下二・八度。

昨夜の鍋の残りで作ったラーメンを食べてから、今日は特に外出予定はなく、ずっと室内で試料整理だ。外は寒く、時々粉雪が舞っている。

午後三時の天気。北の風二・七メートル、気温氷点下二・二度、曇り。

これまでのところ地衣からはクマムシが出てこないが、黄色の地衣(ナンキョクロウソクゴケ)からダニを見つけた。節足《せっそく》動物を見るのは今回これが初めてだ。

今日はいつもより早く一九時前に夕食。ヒラノシェフの今夜の献立《こんだて》は、トリ肉の香草焼き、野菜スープ、赤ワイン。二〇時の気象、北北西の風一・八メートル、気温氷点下二・五度、気圧九七六・九ヘクトパスカル、曇り、雲形Sc(層積雲《そうせきうん》)、雲量一〇、視程《してい》二〇キロ。

『本日は低気圧の影響で雪や霧でした。今夜から明日はぐずついた天気。明後日一一日は北の海上に低気圧があり、一〇～一五メートルのやや強い風となるでしょう』
明日は南極授業関連のスカルブスネス遠足で、大勢がきざはし浜に来る。観測隊に同行している小・中学校の先生による南極から日本の生徒に向けた授業の一環《いっかん》として、ペンギン観察のための遠足が実施《じっし》されるのだ。また明日は昭和基地では設営が休日なので、これまで野外に出られなかった設営隊員たちも遠足を楽しめるように、ミウラさんが采配《さいはい》した。
私たちのインホブデ遠征は明後日一一日となり、その支援としてアベさんとミズタニさんが来てくれる。ミズタニさんは信州の山岳救助隊のベテランで、私と同い年だ。今回は夏隊の環境保全担当だが、本来FA《エフエー》になるべき人だ(実際、五七次越冬隊のFAとして参加することになる)。予報では一一日の天候が少し心配で、インホブデは中止となる可能性もある。明日午後の天気次第なのだ。さぁ、どうなるのだろうか……。

南極授業のペンギン見学隊

一月一〇日(スカルブスネス五日目)朝五時過ぎに起床。今朝も曇って寒い。テントにパラパラと雪の音。西南西の風〇・五メートル、気温氷点下一・六度、気圧九七九・九ヘクトパスカル。

朝食は、ナカイ君が初めて作ったおにぎりと、ヒラノさんのみそ汁と野菜煮付け。

九時三五分、ベルが遠足の第一グループ九名を運んできた。皆、笑顔だ。

「おお、ミズタニさん、元気？」第一グループは、彼の先導でペンギン見学に出発し、ヒラノさんも同行した。

一〇時四三分、ベルがまた来て、新たに九名を降ろした。第二グループにはアベさんが入っている。ツジモトさんも同行して、雪が降る中をペンギン見学に出発した。

粉雪が大きくフワフワした雪となり、シェッゲが霞《かす》んでいる。機長のポールは天候をしきりに気にしている。たしかに、今の天候はフライト中止になってもおかしくない状況だ。

一二時前にカップ麺《めん》で簡単な昼食をとり、ナカイ君は、きざはし浜AWSのデータ回収に出かけた。私はヘリクルーのポールとダビッドにコーヒーをいれて、クマムシの簡単な説明をしてから、顕微鏡の作業をする。一三時半頃、第一グループが早々《はやばや》と戻ってきた。ちょうど雪がおさまったので、ポールは「今のうちに彼らを帰す」と言い、ミズタニさん以外の八名を乗せて離陸していった。

ナカイ君がデータ回収に成功して戻ってきた。第二グループは天気が回復したため、ペンギンの営巣地でのんびりして、一五時半頃にようやく戻ってきた。

雪上車《せつじょうしゃ》専門の陽気な巨漢タイチさんに、「ペンギンどうでした？」と聞いたら、

「遠かった〜！」

「はっはっは、ナニその返事！」

にぎやかな遠足も、そろそろ帰る時間だ。そして明日のインホブデ遠征は実施されることになり、第二グループもアベさんをここに残して、一六時二〇分に離陸した。

南極観測の問題点を考える

しばらく顕微鏡観察を続け、一九時過ぎに六人で晩ご飯。今夜の献立は、トリ肉と野菜のスープ、ほうれん草のごまあえ、野菜の煮物だ。今夜もビールがうまい。

今夜の食卓では、南極観測にともなう「汚《よご》れ」問題について考えた。

「もう本当に作業室が汚《きたな》いんだよ……。いったい、いつからこんなになってたのか」

ミズタニさんが担当する部屋があまりにも汚れ放題だったのに愕然《がくぜん》として大掃除《おおそうじ》をした話から始まった。そして問題はその部屋の汚れだけではない。

ミズタニさんもアベさんも本来はＦＡになるべき人たちだが、今は昭和基地の夏の設営隊員として働いている。その率直な目から見ると、いくら昭和基地が極限環境の中にあるとはいえ、工事の不具合や作業の非効率さが気になってしかたがない。これは誰《だれ》のせいというのではなく、これまで歴代の連携不足に原因があるんじゃないか。問題が提起されると、色々な意見が口々に出てくる。

新たな隊員にとってゴミに見えても、ベテラン隊員にとっては慣れ親しんだモノかもしれない。

むしろ記念碑《きねんひ》的な遺物もあるだろう。実際、保存するよう指定された史跡《しせき》もある。しかし、多くは人間の感傷(ゴミ)として、南極の自然の中に蓄積していく。一九九八年以来、昭和基地のゴミはすべて日本に持ち帰ることになり、過去のゴミを回収するための「クリーンナップ作戦」も継続されているのだが、なかなか追いつかない。

現在の夏宿は、とても他人に見せられない状況なのではないか。実際、普通の人が思い浮かべる昭和基地は、越冬隊が生活する素敵な宿舎のイメージだ。一方の夏宿は、これが国家事業かと疑いたくなるオンボロな状況だが、それはほとんどの人には見えない。

南極の大地に置き去りにされたり、風で吹き飛ばされたりした物たち。これらも、六〇年間の南極観測のマイナスの側面だ。プラスの方はよく宣伝され誰からも感心されるが、私たちはマイナス面から目を背《そむ》けず、もっと考えなければならない。もともと科学研究は似たような問題を抱《かか》えている。そもそもヒトが生きる、ということだって……。答えが出ない問いにつながってきたところで、ひとまず終了。

定時交信の声

今夜の気象。西南西の風二・〇メートル、気温氷点下〇・一度、気圧九八二・四ヘクトパスカル、晴れ。

明日のフライトは、八時半。ベルはきざはし浜で給油してから、六名と物資二五〇キロを運ぶ、とミウラさんから連絡があった。

定時交信では、ほかの野外チームからの交信は私たちには聞こえず、昭和基地のトダさんの応答する声だけが入ってくる。

『オオヤマさん、いつも良い声でありがとうございます』と言うのが聞こえた。

「あー、トダさん、私にはあんなこと言ってくれないのに……」

こっちでツジモトさんがむくれている。するとアベさんが笑いながら、

「昭和基地では、定時交信を皆が楽しみにしててね」

「特にツジモトさんが毎晩『ふーこー、せーなんせー』って言ってるのが人気なんだよ」

アベさんがツジモトさんの絶妙な物まねをするので大爆笑となった。

定時交信後の飲み会の話題は、夕食時とは一転して、ナカイ君の好きな女の子のタイプについての話題が再燃し、皆が勝手に想像して盛り上がった。

今夜はミズタニさんが広い年寄りテントで同宿し、二三時二〇分頃に就寝。

インホブデ遠征

一月一一日、五時二二分に起床。快晴だ。テント内も明るく暖かい。

六時半の気象は、気温氷点下四・二度、北の風二・〇メートル、気圧九八五・二ヘクトパスカル、快晴。風は冷たいが、陽射しは暖かい。いよいよ昭和基地のはるか西南、陸上の孤島《ことう》インホブデ初の生物調査が実現する。

テントを一つたたんで非常用に準備し、朝食を済ませて待機する。八時〇八分『ベルが昭和を発進しました』と通信が入り、八時二二分、きざはし浜に到着した。インホブデは遠いので、ベルはここで給油する。荷物を載せ、私たちも搭乗する。昨日、大勢の乗客を運んだポールは「今日の席はビジネスクラスだ」と冗談《じょうだん》を言っている。予定より少し遅れ、九時少し前に離陸した。

私たちを乗せたベルは、リュツォ・ホルム湾の最奥部《さいおうぶ》を横断していく。左手に白瀬氷河《しらせひょうが》が広がっている。私たちの砕氷艦《さいひょうかん》の名前は、この「氷河の名前」からとられている。海上自衛隊の艦名は人名や都市名は使わない決まりだからだ。

湾を横断と言っても、どこも白くて海と陸の区別は難しい。ずずっと盛り上がって白く光る方が大陸で、時々水色のパドルが広がっていればそこが海だと思われる。

九時三二分、インホブデ上空に到《いた》り、着陸地点を探しながら、しばらく偵察飛行をする(図4-12)。ここは海岸線から少し内陸寄りにあり、北西から南東へ斜《なな》めに三キロほど延びた形の露《ろ》岩域《がんいき》だ。最も低い北西端《ほくせいたん》で海抜《かいばつ》一〇メートル。そこから南東へ三分の一の辺りで大雪渓が南北を分断している。三分の二を占《し》める南部の北端あたりに海抜約四〇メートルの着陸予定地がある。

最南端は海抜約一三〇メートルで、それより南の氷床《ひょうしょう》はぐっと高く盛り上がっていく。途中にいくつか池があるが、ほとんど凍り付いている。以前ここを探査した国土地理院からの情報では、平坦《へいたん》な場所はあるが石がゴロゴロしていて着陸に時間がかかったらしい。ベルも九時三七分にいったん着陸しかけたが、地面の状況を見ながら慎重《しんちょう》に微調整を始め、着陸完了は九時四五分だった。さっそく荷物を降ろして準備をする。

一〇時の気象は、気温氷点下一・二度、西の風二・〇メートル、気圧九八一・四ヘクトパスカル、湿度四四・二パーセント、雲量八、高積雲《こうせきうん》。南の空の二割ほどに青空が見えている。

「もしあの青空が小さくなったら、すぐに帰ってこい」

天候を心配するポール機長からの注意を聞きながら、着陸地点から北へ出発した。まもなく、大きな雪渓にぶつかった。先頭のアベさんが、テントのポールをゾンデ(探《さぐ》り棒《ぼう》)代わりに突《つ》き刺《さ》して、雪の下に危険がないか確かめながら慎重に進む。ミズタニさんは後方で、ロープで確保。コースの安全を確認してから、私たち四名も続いて渡った。幸い固く凍っていて、歩くのは容易だった(図4-13)。

図4-12　インホブデ．上空から南東に向かう景観

図 4-13　雪渓を渡る

北部に渡ると、うれしいことに、大きな岩と岩の間や、急斜面の岩棚《いわだな》の上など、あちこちに地衣や蘚類《せんるい》が大小の群落をつくっている。採集しながら歩いていく。初の生物調査なので、ツジモトさんは極地研で保存するコケ標本として採集している。そのついでにクマムシ用にも少量ずつ採集する。

北端の先には、氷河の末端部が無数のしわや亀裂《きれつ》を見せながら、ものすごい形相《ぎょうそう》で白い海のほうへ落ち込んでいく光景が広がっている(図4-14)。氷壁《ひょうへき》は薄《うす》いブルーの濃淡《のうたん》で光って美しい。あまり見とれて歩いていると足下《あしもと》が危ない。こちらの岩のくぼみに一〇メートルほどの長さの小さな池があった。水底《みなそこ》は真っ黒に染まっている。

「うわっ、すごい色!」ナカイ君はこっちの色に大興奮している。どんなバクテリアがいるのだろうか。彼は午後にもう一度ここへ戻って、採水することを決めた。

一三時過ぎに着陸地点に戻り、しそわかめご飯とハンバーグの昼食をとった。

一三時五〇分、東南東の風五メートル、気温氷点下〇・七度、気圧九八三・〇ヘクトパスカル。雲量は九以上になった。ナカイ君は採水へ出発した。ミズタニさんが付《つ》き添《そ》う。ヒラノさんは足の不調のためヘリコプターで待機することにした。

図 4-14　ものすごい形相の氷河

ポール機長の「南の青空が見えなくなったら戻れ」と言う声を聞きながら、私たちもちょうど一四時に南方へ出発した。こっち側は乾《かわ》いた岩がゴロゴロしていて、地衣類も蘚類も、ほとんど見当たらなかった。

ポールからイリジウム電話で「戻ってこい」と連絡してきた。青空はほとんど見えなくなっていた。一五時頃、着陸地点に戻る。「ほかの二人はどこだ?」ポールはいらいらしている。まだ採水組が戻っていない。行き先がはっきりしているので、アベさんが呼びに行く。荷物を積み込み、すぐ出発できる状態で待つ。

採水組が戻ってすぐ一五時三三分に離陸した。海の方は真っ白、ホワイトアウトに近い状態だが、大陸側と前方の陸地はかろうじて見えている。猛烈《もうれつ》な眠気が襲ってくる。隣《となり》のミズタニさんは爆《ばく》睡《すい》している。途中、スカルブスネスの池の状況を視察しながら戻る。やはり、まだ氷はあまり融《と》けていない。

一六時二〇分、きざはし浜に無事に着陸した。アベさん、ミズタニさん、ヒラノさんは昭和基地へ戻る準備をし、三〇分後には飛び立っていった。

そして三名だけが残った

すっかり静かになった小屋で、今日の成果を整理する。わずか五時間の滞在だったが、かなりの採集品があって良かった。しかし、私はカメラのレンズに一センチほどの長さの傷を発見して、少しブルーな気分になった。

一九時少し前から、うなぎと野菜スープの夕食。いつも豪華ですみません。

今夜の気象は、西南西の風一・五メートル、気温氷点下〇・五度、気圧九九〇・四ヘクトパスカル、曇り。

『スカルブスネスきざはし浜小屋、こちら昭和通信です。感度ありますか、どうぞ』

『こちらきざはし浜小屋、ツジモトです。感度良好です。どうぞ』

『はい、いつもツジモトさん、かわいい声でありがとうございます』

「うわははは……」私たちは大爆笑。

「アベさんが何か言ったんだー」

ツジモトさんはおおはしゃぎである(後日判明したのだが、まずヒラノさんがミウラ隊長に昨夜の交信の件を話し、隊長がトダさんに何か伝えた、ということだったらしい)。

その後の交信で、こちらからの提案として、現況ではスカルブスネスの湖沼調査はできないため後回しとし、一四日以降はスカーレン行きを希望した。

『本日は朝のうち晴れましたが、低気圧周辺の雲がかかりました。明日は昼頃から晴れ。引き続き海上に低気圧があり、雲がかかることがありますが、低気圧は離れつつあり、天気のくずれはないでしょう』

テントで少しだけウィスキーを舐《な》めてから、二二時二五分に就寝。

しのびよる暗雲？

明るい夜中に何度も目覚めた。朝になっても疲れがとれておらず、テントの中でゴロゴロする。時々やや強い風が吹いている。

ヒラノさんたちが昭和基地に去り、三人だけになったきざはし浜小屋の朝だ。朝食の準備をナカイ君が始めた。そしてツジモトさんの目玉焼きをものすごく慎重に作ったのだが、黄身がつぶれた悲惨《ひさん》なものになってしまった。やっぱり卵の割り方から練習する必要がある。

「練習しよう、ナカイ君！」

彼の作品を横目で見ながら、私は自分で普通の目玉焼きを作ってご飯にのせて食べた。

朝食後、顕微鏡仕事を続けていくつか標本を作るうちに、もうお昼になった。シェフのナカイ君が、今度は鮭をフライパンで焼いてくれることになった。小屋にあるのは昔ながらの鉄製の良いフライパンなので「正しい使い方はこうだ」と指導するのは年寄りの私だ。三人一緒にサラダなども用意した。私はビールを一缶。素敵な昼食だ。

今日は外出せず、午後もサンプル処理を続ける。ツジモトさんは疲れがたまって調子が悪いので、昼寝したままほとんど夕方まで寝ていた。ナカイ君は黙々と、インホブデの黒い池の水を濾過《ろか》している。

私は新たにインホブデで採集したコケのうち五つを選んで水に浸《ひた》す。これまでのサンプルからはまだオニクマムシが見つかっていない。今度はどうかな。オニが出てきたらいいな。

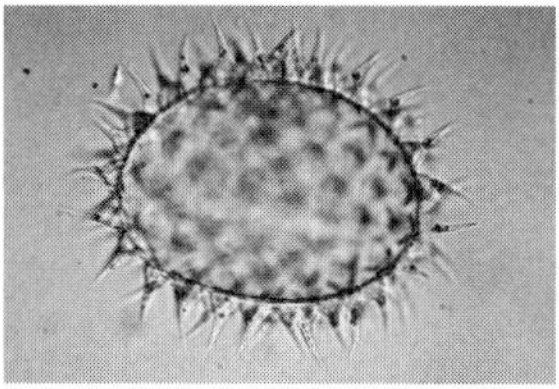

図 4-15　トゲトゲの卵

試料の一つから、白い大小のクマムシとトゲトゲの卵一個が採れた(図4-15)。マクロビオトゥスの仲間かな。卵の形も分類のための重要な情報となる。あ、そのうちの一匹がワムシをくわえている。食事中か？　おもしろい写真が撮れるかも！　さっそく実体顕微鏡のカメラで写真を撮り始めたが、ちょっとゆれたはずみでワムシがクマムシからぽろっと離れ、何事もなかったかのようにシャクトリムシのような歩き方で去っていった。たまたま口の近くに引っ付いていただけだったようだ。

顕微鏡をのぞき、いくつかの標本を作り、夕方となる。夕食はおでんといくらご飯。午後八時の気象。北西の風一・〇メートル、気温一・九度、気圧九八三・六ヘクトパスカル、快晴。

定時交信で「しらせ接岸」と聞いた。私たちが露岩域を歩き回っている間も、ずっとラミングを続けてきたのだろう。おめでとうございます。お疲れさまでした。

コラム4―1　ラミングの回数

第五六次隊の往路《おうろ》（二〇一四〜一五）では一二月二三日に第一便が昭和基地に到着した後も「しらせ」はラミングを続け、一月一二日にようやく昭和基地の沖合《おきあい》五〇〇メートルの定着氷《ていちゃくひょう》に接岸した。往路のラミング回数は三一八七回で最多記録となった。往路にラミングをして開いた航路も、すぐまた凍って通れなくなるため、帰路も新たなラミングが必要となる。五六次隊の往復のラミング総計は五四〇六回にも上ったのだった。

一方、最近の第五九次隊の往路（二〇一七）では、第一便が昭和基地に到着したのは一二月二〇日で、なんと三日後の一二月二三日に接岸し、往路のラミング回数はたった二七回だった。過去にはさらに海氷が薄い年もあり、たとえば第二六次（一九八四〜八五）と四五次（二〇〇三〜〇四）ではラミング回数がゼロだった。

『本日一二日は曇り時々晴れでした。今夜は一〇メートルの風で、晴れのち一時曇り。明日一三日は、風一〇メートル、日中五メートル、曇り時々晴れ。明後日一四日は風一〇メートル、日中五メートル、晴れ時々曇り。金曜日(一六日)以降、発達した低気圧の影響で三〇メートルの風、吹雪《ふぶき》となる恐れがあるでしょう』

ツジモトさんは風邪気味で、ナカイ君も疲れがたまっている。

「今夜は、早めに寝ることにしようか」

図4–16　インホブデ産オニクマムシ

午後九時過ぎ、ちらかった顕微鏡の周りを片付け始めるが、まだサンプルは残っている。

「オニクマムシが見つからないい〜」と言いながら、また少しだけ顕微鏡をのぞいてみた。

「ん!」

なんと、濃《こ》い橙《だいだい》色のオニクマムシが歩いている!

「いた!」

南極に上陸して半月、ようやく南極産のオニクマムシを見ることができた。しかも、初めて生物の研究者が入ったインホブデ産だ(図4–16)。大きいなぁ。良かった……。

残りは明日にして、今夜はこれで店じまい。皆さん、おやすみ。

テントでウィスキーを舐めながら、しばらく日誌を書き、歯みがきをしながら浜に出た。シェッゲが夕陽でかなり赤くなっている。少し風が出てきた。二四時一五分、就寝。

親子池での奮闘　一日目

一月一三日。朝四時前に一度目覚めた。風の音。寒いので曇っているのかと思ったら、外は快晴で、たまたま太陽が山の陰《かげ》になる時間だった。気温氷点下二・二度。北北東の風三〜四メートル。ふたたび寝袋にもぐり込む。

六時半頃、テントに陽が当たって暖かくなった。そのうちテント内は二〇度を超えて暑くなったので、入口を少し開けて日誌書きをする。七時半にナカイ君の目覚ましの音がして、外を歩く音。それから発電機のドルルル……という音が始まった。

今朝はヒラノさんが残していった秘伝のスープでおじやを作って朝ご飯にした。毎日ご飯がおいしい。しかし、ツジモト隊員はあいかわらず体調不良で元気がない。熱や寒気はないが体のだるいのが治らないので、彼女は今日も休養だ。

昼前、私とナカイ君は、親子池の岸辺に立つ自動観測装置のセンサー交換作業に出かけた(図4-17)。日射計、光量子計、紫外線計《しがいせん》の三つを交換する。単純な作業だが、これまでやったことのない作業なので終わるまでに二時間もかかった。

図 4-17　親子池の自動観測装置

親子池から帰った時、カバンにカラビナ（開閉できる金具）で付けていたGPSがなくなっていることに気付いた。カラビナには電池室の裏ぶただけが残っていて、本体をどこかに落としてきたらしい。これまでの記録はノートに転記してあるからよいが、今後も採集地のデータを記録するためになくてはならない大切な機器なので、これは大変な事態だ。小屋と海岸、海岸と親子池まで何度も往復して探すが、見つからない。

「スズキさん、まだ見つからないんですか」とナカイ君。

「うん、見つからない……」

「いざとなったら、私のがありますよ」

「ナカイ君だって自分で使わなければならないだろ？」

「フッフッフ、私を誰だと思っているんですか」

「え？　もしかして、GPSの予備も持ってきてるの？」

「当たり前じゃないですか、私を誰だと思っているんですか？」

「ナカイ君……、すごすぎる」

朝のおでんのスープが残っていたので、うどんの乾麺《かんめん》を放り込んで煮込んで、少し遅い昼食にした。ちょっと煮込みすぎてドロドロになり、見た目は悪いが、でも大変おいしい。

さて、親子池では、池の中にも自動観測装置が沈《しず》めてあり、それも回収することになっている。一つのブイ(浮《う》き)から湖底までたれ下がるロープに、いくつかの計器がつながっている。そのブイは一〇メートル隣の補助ブイとつながっていて、冬にも凍らない水深二メートルに沈めてある。二つのブイの位置を緯度経度の記録を頼りに探して、その真ん中をボートで通って装置を引っかけて回収するのである(図4-18)。

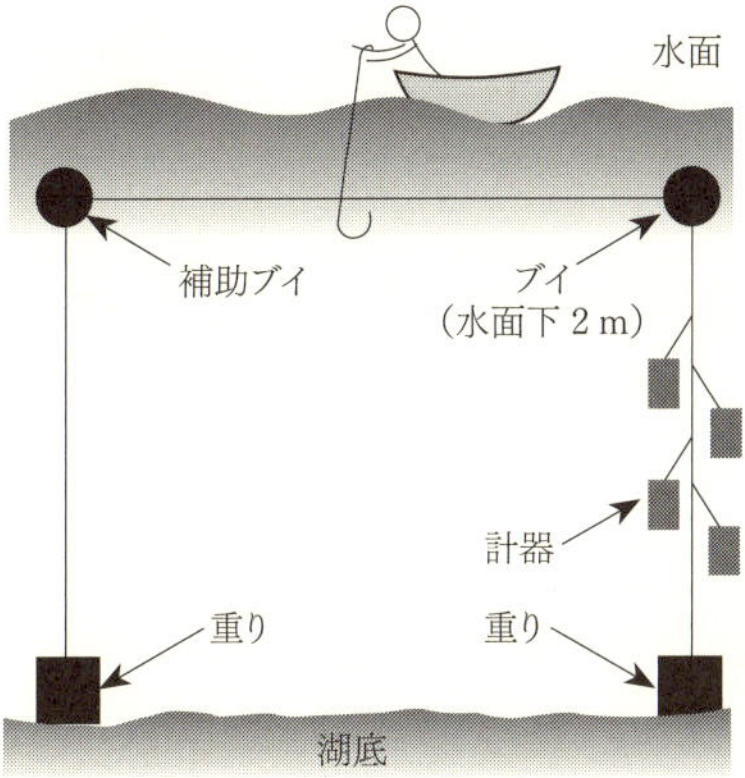

図 4-18　水中係留観測装置の略図

うどんを食べて少し休憩した後、三時過ぎにまたナカイ君と親子池に出かけることにした。小屋の外に出ると風が吹いている。

「ちょっと風が強いな。慣れない仕事だし、今日は中止にしようか……」

「課長〜、何て弱っちいこと言ってるんですか。七年前の四九次の時には、慣れない私だってやってましたよ」とツジモトさんが言う。

うーん、四九次の時にはベテランの先生が一緒だったはずじゃん。今回はワシら二人、初心者だけだし、そんな言い方はないいんじゃないのかな。内心そんなことを思いながらも、

「んじゃ、行こうか」

慣れない二人組は、ボートをかついで出発した。親子池の氷はかなり融けて、水面の半分以上が開いているので、装置の回収はできそうに思えた。ナカイ君とゴムボートをこぎ出して、GPSで場所を探しながら池の真ん中まで行く。

「この辺かな?」

「いや、もうちょっと向こうですね」

「あらー、それじゃ氷の中にあるみたいだよ」

回収すべき装置の場所は、まだ氷の領域内だとわかった。残念ながら、これでは回収は無理だ。しかたがないので予定を変更して、エクマンバージ採泥器《さいでいき》(図4-19)を使って、湖底からサンプルを採集することにした。その前に中間食をとる。わかりやすく言うならば「おやつ」だ。今日のおやつはたい焼きである。

「これは何だ?」

水際でダンボール箱の残骸《ざんがい》がボロボロになって沈んでいるのが見つかったので、とりあえず回収して、乾いた岩陰に保存しておく。小屋から風で飛ばされてきたものであろうか。

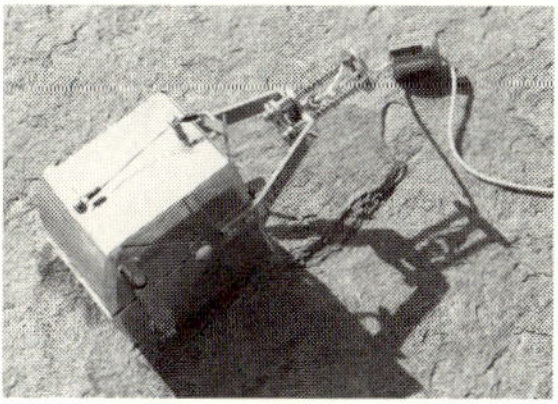

図 4–19　エクマンバージ採泥器

小屋に戻ってから、インホブデ試料からクマムシ探しを続けた。

「おっ、またいた！」

今度は少し小さなオニクマムシの二齢幼虫だった。その後、最後に大きな成虫の死体も一つ回収できた。

午後八時の気象。南西の風二メートル、気温一・二度、気圧九八五・五ヘクトパスカル、晴れ、雲形Ci（巻雲《けんうん》）、雲量三、視程二〇キロ。

今日の夕食はカキとホウレンソウとベーコンの炒め物。昼のうどんの残りで焼うどん。

定時交信で、ミウラ隊長に今後の予定について連絡した。この時点でツジモトさんが提案した希望は次の通りである。スカルブスネスの氷が融けていない現状を考えると、ほかでの仕事を先に済ませたい。そのため、まずスカーレンに移動して二泊。次にスカルブスネスの物資を回収してから昭和基地に戻り二泊。その後、ラングホブデに移動して六泊。その間にぬるめ池へ一往復。昭和基地で一～二泊してから改めてスカルブスネスに戻って六泊し、円山池と椿池のヘリオペを入れたい。

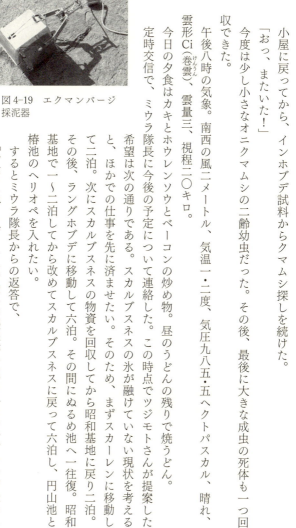

するとミウラ隊長からの返答で、

『一七日にブリザード（暴風雪）の襲来が予想されるので、その前後のへリオペが難しい。このままきざはし浜で停滞という案も考えられますが、どうですか？　どうぞ』

この予想外の提案に、私たちは少し動揺《どうよう》した。スカーレンには観測小屋もないから、希望通りのスカーレンへの移動は無理だろう。

「どうしよう？」

「とりあえずスカーレンは延期ですかねぇ」

「ともかく一五日にいったん昭和へ帰る……とか？」

『昭和通信、昭和通信、こちらきざはし浜小屋です。一五日にいったん昭和に戻るという考えもあります、どうぞ』

『はい、それでは一五日のピックアップで考えておきます』

定時交信後、あらためてブリザードへの対処を考える。つまり、さっきの返事通り一五日に昭和に戻るか、それともここで停滞するかだ。昭和基地ならば、ブリザードに対して安全ではある。しかし、次にいつフィールドに戻ってこられるかわからない。それに、きざはし浜だろうが昭和だろうが、どこで停滞したとしても、どんどん予定が後ろにずれて、最終段階が厳しくなるのは同じだ。

私の考えは「きざはし浜で停滞」だ。どうせ停滞するならば、ここでゆっくりサンプル処理を進めたいからだ。私はそれを二人に話した。しかし実質上のリーダーはツジモトさんなので、最終決断は彼女がする。そして彼女はかなり悩《なや》んだ結果、ここでの停滞を決めた。

『昭和通信、昭和通信、「こちらきざはし浜小屋。感度ありますか、どうぞ』

こちらからの再度の交信でミウラさんに伝言を頼み、しばらくしてミウラ隊長から一五日のピックアップなしで計画を進めるという連絡が届いた。こうして、ブリザードが通り過ぎるまで私たちはここで停滞することになった。

それにしても、今後の湖沼観測作業はどうなるのだろうか。ツジモトさんは塞《ふさ》ぎこんでいる。仕事の先が見えない上に、体調の不安も重なっている。いつもの朗《ほが》らかな笑い声も今日は聞こえない。

今夜も早めに休むことにして二二時前にテントへ移動。ナカイ君は「ちょっと話してきます」と、沈みこんだツジモトさんと話すため小屋へ戻った。私は、紛失したGPSを探して、しばらく辺りを歩き回ったが、見つけられないままテントに戻った。

二三時過ぎ、ナカイ君が発電機を停止し、きざはし浜は静寂《せいじゃく》に包まれた。私はテントで日誌書き。二四時過ぎに外に出ると、またシェッゲが赤く染まっていた。二四時一五分、就寝。

親子池での奮闘　二日目

一月一四日。ドラム缶がボンと音をたてると同時に、テントに陽が差し込み、少し暖かくなって目が覚めた。朝五時一〇分。少し日誌の続きを書き、六時にまた寝袋の中へ。六時半、またドラム缶がボン。テント内が急に暖かくなった。テントの外には、巻雲がおどる朝の空が美しい。そろそろ発電小屋への命綱《いのちづな》を張っておかなければ、と思った。

午前九時過ぎ、昨日に引き続き、ナカイ君と親子池に向かう。

「うわー、氷が移動してるよ」

今朝の風向きで池の氷が昨日とは反対の方へ移動していた。

「回収するチャンスですね！」

さっそくゴムボートをこいで、GPSの二点のデータが示す二つのブイの付近を横断した。

「ないですね」

「うーん、たしかにここらへんのはずなんだけどな」

何度やっても何も引っかからないし、水中にブイの姿も見えない。

「なんかGPSのデータと実際がズレているみたいですね……」

「困ったね」

しかし、無闇《むやみ》に走り回ったところで、広い池の中でブイを見つけるのは無理だ。もらったデータの近くを丹念《たんねん》に探すしかないだろう。

「あ、今のブイじゃないか！」

データの一つから一〇メートルほど離れた地点の水中に、黄色のブイがたしかに見えた。

「あれれ？　なんじゃ〜？」

二つのブイが上下に重なっているように見える。たぶん氷の影響を受けて、位置が変わってしまったようだ。その位置をあらたに記録してから、何度もそこへボートを向ける。風でどんどんボートが流されるので、初心者の私たちには難しい作業だった。

「ありゃー、氷がやってくるー」

その時、ちょうど風向きが変わり、湖面の半分近くを占める氷の板が急激に移動して迫ってきた。そして、一二時過ぎ、ブイのあると思われる位置が氷の下になってしまったため、本日の作業は終了。

がっかりしながらボートを引き上げていると、ヘリコプターの音が聞こえてきた。ＡＳが近づいてくる。見上げて手を振《ふ》ると、ＡＳも機体を左右に揺《ゆ》らして応えてくれた。そして、きざはし浜に着陸したようだ。しばらくしてパッダ島のＧＰＳ保守作業から基地へ戻る途中のオオヤマさんとタカハシさんがやってきた。給油のため着陸したついでに、ここで昼食にするとのことだ。私たちも昼食にしよう。池からきざはし浜へ戻って、ナカイ君が大盛りみそラーメンを作ってく

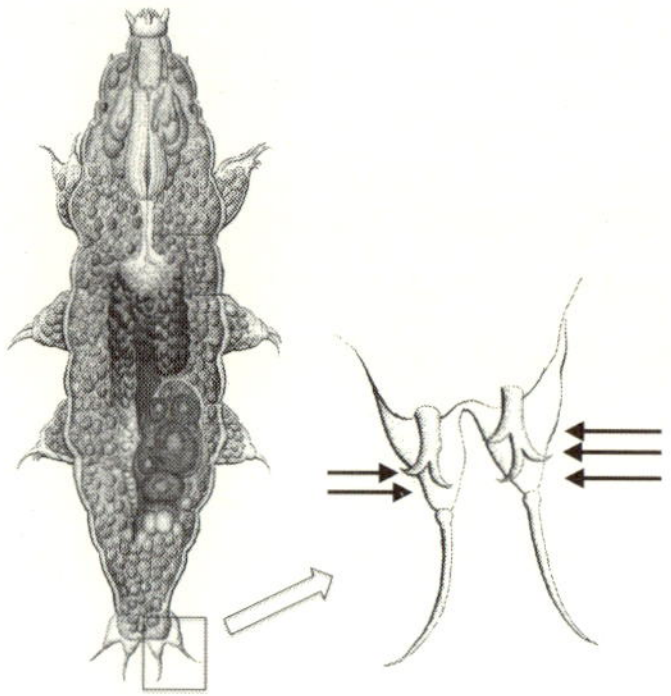

図 4-20　オニクマムシの爪.
副枝の尖端(矢印)

れた。昼ご飯を食べてから、ＡＳは離陸していった。

一五時過ぎ、ツジモトさんとナカイ君は田村峠へ地衣類の採集に出かけた。私は小屋で留守番をしながら、顕微鏡観察の続きだ。最初に見つけたオニクマムシ成虫と昨日の成虫の死体は、どちらもスライドガラスに封入《ふうにゅう》して標本にした。微分干渉装置《びぶんかんしょうそうち》付きの黒い顕微鏡で拡大してのぞいてみると、

「おおっ！」

インホブデのオニクマムシは、すごい爪《つめ》を持っていた。

「一、二、三、四、五、枝分かれが五つもあるのか……」

ここで少しオニクマムシの爪について説明しよう。オニクマムシはほかの多くのクマムシと同様、四対《つい》の肢《あし》の先に、各四本ずつの爪を持っている。細長い二本の爪(主枝《しゅし》)と短い二本の爪(副《ふく》枝《し》)である。そしてこの副枝はさらに通常二〜三本に分かれた尖端《せんたん》を持っている(図4-20)。しかし、今回の奴《やつ》は五本、あるいは六本にも分かれているようなのだ。

じつは、ラングホブデからの五〇年前の記録に、すでにこのような特徴的なオニクマムシのことが書かれていた。また三〇年前には、その少し東方からも同様な爪の形が報告されていたのだ

が、その頃はまだ種内変異《しゅないへんい》とされるだけで、新種記載はされないままになっていた。しかし、この特徴はすごい。この地域以外では、世界のどこからも、こんなに変わった奴は知られておらず、もちろん遺伝子《いでんし》配列《はいれつ》も読まれていない。今回の新たなサンプルによってオニクマムシの系統関係に新しい成果を加えることができることになる。

一人で興奮しながらも、夕食の準備のためにぶた肉を解凍し、五合の無洗米を水に浸ける。一八時少し前に、ツジモトさんから連絡があり、まだ田村峠なので帰りは一九時頃になるとのこと。一八時二〇分に炊飯器《すいはんき》のスイッチを入れる。今夜のおかずは回鍋肉《ホイコーロー》にしよう。

連絡通り、一九時頃に小屋の外で帰ってきた声がする。もう少し顕微鏡を見てから、おかずの準備にとりかかった。

二〇時の気象。北西の風〇・九メートル、気温二・二度、気圧九八九・五ヘクトパスカル、快晴。気象観測の後で夕食。回鍋肉というより、単なる肉野菜炒めになった。その他にミックスベジタブルのサラダ。ナカイ君はビールを飲むと湿疹《しっしん》が出るようになったので、今夜は飲まずに早く寝ると言う。ツジモトさんも寡黙《かもく》で、異様にひっそりした食卓である。オニクマムシの興奮の持って行き場がない……。

『現在、昭和基地上空は気圧の尾根《おね》になっており晴れていますが、一六日から一八日にかけ発達した低気圧が通り、明後日一六日の昼までは薄曇り。夜、急に風が強まり、一七日の昼頃をピークとして、風速三五メートルを超え、雪をともなう猛烈な風が吹くでしょう』

ミウラ隊長からは、ブリザード前のピックアップはしない、ブリザードによる荷物飛散に備えるように、と指示された。

いつもより早く午後九時半頃にテントへ移動し、ウィスキーを舐めながら日誌を書く。二二時二分、トイレ(浜)へ行く途中で、落としたGPSを発見した。これまで何度も探した場所だが、なぜ見つからなかったのか不思議だ。ともかく胸につかえていた心配事が一つ解決した。二二時四二分、ドラム缶がボンと音をたてる。日誌書きを続ける。二三時三五分、就寝。

一月一五日　スカルブスネスきざはし浜

八時前に簡単な朝食(ご飯とたらこ、インスタントみそ汁)をとり、八時一五分から親子池へ出かける。ナカイ君との三度目の装置回収の試みだ。昨日はようやく状況を把握《はあく》した。やはり二つのブイが重なって見えている。視認しながら、回収の努力をする。何度もブイの場所に近づくが、もう少しの所でボートが風に流されてしまい、なかなかうまくいかない。そこへツジモトさんがやってきた。今度はツジモト・ナカイ組でボートを出した。

「とれた〜!」

なんと一発で回収に成功した。

「これまで何やってたんですか」とツジモトさん。
「……(あのなぁ……)」
その後で装置を再び設置して、ようやく湖沼係留《けいりゅう》機器の回収・設置という仕事が一つ片付いた。

孤独な海の仕事

一一時頃、ツジモト・ナカイ組は地衣類採集のために長池方面へ出発していった。私は留守番で顕微鏡仕事を続ける。

これまで見つけた東南極産のオニクマムシは、成虫二頭と二齢幼虫一頭、計三頭だ。大きな成虫は形態観察をするためにホイヤー液で封入したスライド標本とした。二齢幼虫は遺伝子解析のため、エタノール中に保存した。スライド標本の数は少ないが、とても良い標本ができたので、まずはこれらを壊さないように注意して持ち帰ればよい。

今後は、ほかのコケ試料にもオニクマムシやその他のクマムシがどの程度含まれているかを確認して、特に興味深い試料は、帰るまでに再び追加採集したい。残念ながらインホブデの追加採集はもう望めないのだが。ともかく、採集した試料の中で、おもしろそうなものがどの程度含まれているのか、時間の許す限りできるだけ多くの試料を検査しておきたい。

もう一つ私がすべき課題は、海での採集である。南極の海の微小な動物の研究は、これまでとても少ない。あったとしても、それらは南極大陸棚《たいりくだな》のかなり深い海底から得られた試料による研究である。海岸(潮間帯《ちょうかんたい》)で大がかりな機材を必要とせず、自分の手と網《あみ》とバケツを使ったような研究は、なぜかほとんど見当たらない。

海産クマムシはもともと研究者が少ないために、陸のコケに棲《す》む仲間ほど研究が進んでいない。南極の海岸に棲むクマムシは、私の知る限りまだ報告されたことがないのだ。

世界中の海はつながっているから、特別な種類がいるわけではないかもしれない。あるいは、現在の南極海岸にはクマムシはいないかもしれない。それとも、ものすごくめずらしいものがひっそりと暮らしているのかもしれない。それは調べてみなければわからないし、たとえどんな結果であろうと、それらには生態学的な意味、あるいは生物系統地理学的な意味がある。今日の午後は、その手始めの仕事だ。

ラーメンを作って、一人の昼食を簡単に済ませてから、小屋からさほど遠くない浜までザックを背負いバケツを持って出かけた。途中の池で水をくんでいく。重い。

海岸に来た。スカルブスネス到着の翌日に下見をした場所だ。細かい石が敷《し》き詰《つ》められた、明るく静かな浜辺だ。今日は一人なのでいっそう静かだ。海岸付近の海氷《かいひょう》は融けて海面が開いている。でも氷海の中の浜だから、波はまったくない。トウカモもいない。あまりに静かで、海の中にも生き物の気配、生き物のざわめきがまったく感じられない。

もしかしたらナカイ君ならば「フッフッフ、スズキさん」と不敵に微笑みながら、

「私はバクテリアのざわめきを感じますよ」なんて言うのかな。

もちろん、バクテリアはいるだろう。バクテリアはどこにだっているのだ。でも私には、そのざわめきまでは感じられない。微小な動物としては、クマムシはいないかもしれないけど、たぶんセンチュウならばいるだろう。何かがいるはずだと信じて、その何かの声を聞きたかった。でも自分の鼓動《こどう》のほかには何も聞こえなかった。

サリノメータ(塩分計)という簡単な装置で塩分を測定すると、およそ五と出た。この数字に単位を付けるとすればパーミル(‰)つまり千分率なので、百分率にすると約〇・五パーセントである。通常の海水の塩濃度は約三・五パーセントだから、この海はえらく薄い海水なのだとわかる。海氷が融けたから塩分が低下したのだろうか。海氷は海水が凍ったものだから、そうではない。それに対して氷山《ひょうざん》は、大陸の氷河が海に流れ出したものなので、元々は雪だったものだ。氷山が融けて塩分を低下させているのだろうか。

水際で穴を掘《ほ》り、砂を空のバケツに入れる。そこへ途中でくんできた真水《まみず》をドバッと投入し、ぐるぐるかき混ぜる。一息ついて、あらかた砂が沈んでから上澄《うわず》みを三二マイクロメートル(〇・〇三二ミリメートル)のメッシュで濾過する(図4-21)。浸透圧《しんとうあつ》の急な変化によるショックで、砂粒《すなつぶ》

などにしがみついている微小な動物が気絶して(?)水中に漂《ただよ》い出たのを集めるわけだ。海産クマムシは体長〇・一ミリに満たないような小型のものも多いので、大変細かい目の網を使う。ひっくり返した網先をサンプル瓶《びん》の中に入れた海水中で洗って、網に残ったものを回収する。サンプル瓶には採集番号などをマジックで書いておく。野帳《やちょう》にもその記録を書く。ここまでが現地での作業である。

二時間半ほどかけていくつかの試料を回収してから小屋に戻ると、小屋前の海岸にアデリーペンギンが一羽、シェッゲに向かってたたずんでいた(図4−22)。

図4-21　メッシュで濾過

「どこから来たの? こんなところで一人で何してるの?」

「……」

この近くのルッカリーだとすれば、鳥の巣湾だが、こうして一羽だけで遠くまでほっつき歩くのは、どんな意味のある行動なのだろう。仲間とはぐれたのか? 好奇心から冒険しているのか? 友達を探しているのか? それとも、普段の散歩なのか?

何も言わないペンギンに話しかけながら、何枚か写真を撮らせてもらって、さきほどの海岸試料の処理を始める。

それぞれの試料の半分は、形態観察用の標本を作るためにホルマリンで固定する。試料を含んだ海水九に対して、中性ホルマリン溶液《ようえき》一を加えるのだ。これで「一〇パーセントホルマリン」で固定して保存できる。普通のホルマリンは放っておくと蟻酸《ぎさん》が生じて、動物によっては長期の保存中に、この酸のせいで形態観察に影響されるものがあるため、あらかじめホルマリンにホウ酸を混ぜて中性になるようにしておく。

図4–22　シェッゲに向かってたたずむペンギン

残りの半分は、遺伝子解析用にエタノール中で保存する。海水に直接エタノールを入れると塩が沈殿《ちんでん》して大変なので、もう一度メッシュで濾過して、そのメッシュを純水で洗い、残ったものをエタノールの入ったサンプル瓶に移す。

浜のほうを見ると、ペンギンは寝始めているらしい。今夜はここに滞在するのか？　時々、ガー、と鳴いている。

一九時一五分頃、採集に出かけた二人から無線が入った。あと三〇分ぐらいで戻るとのこと。予定より遠くまで歩いたようだ。

二〇時の気象は、西南西の風二メートル、気温一・一度、気圧九九七・〇ヘクトパスカル、薄曇り。

二人が戻ってきて、晩ご飯はエビチャーハン、ホウレンソウのおひたし、ブロッコリーとカリフラワーのサラダ。

定時交信でミウラ隊長からは、一月一六日から一九日の間はヘリオペなしで、再開は早くて二〇日の予定。その間は十分な風対策をして室内で待機するように、と指示された。

『一六日から一八日にかけ、発達した低気圧の影響で一月としては記録的な風が吹くため厳重な警戒《けいかい》が必要です。明日昼頃から曇り、夜から風が急に強まり、明後日の昼頃をピークとして、風速四〇メートルの猛吹雪となるでしょう』

ナカイ君は今夜もビールをひかえると言う。このところの彼の活動は、一三日、親子池作業一回目、一四日、親子池作業二回目と田村峠の地衣類採集、そして今日は親子池作業三回目と長池・姉妹池方面の地衣類採集で、かなり重労働が続いている。

私もビールを少しだけひかえて(つまり少し飲んでから)早々とテントへ移動した。しばらくの間、小屋のほうからは時々笑い声が聞こえた。良かった。皆疲れがたまっているが、少しでも笑うのがよい。

二二時三五分、昨夜より一時間早く、就寝。時々、ペンギンが大きな声でグェーと鳴いている。

一月一六日　スカルブスネスきざはし浜

五時一五分、起床。浜へ続く自然の階段を降りる。膝が痛い。ペンギンはもういない。

今朝の空にはほんのかすかな巻雲のほかには雲がない。ほぼ快晴である。そしていつもの朝の風だ。北西の風二・五メートル、気温氷点下二・三度、気圧九九九・三ヘクトパスカル。八時半に朝ご飯を食べる。今朝は、ご飯とみそ汁、ソーセージ、梅干し。

今夜からブリザードが来るとは想像が難しいが、朝食後の仕事はブリザード対策だ。まずテントを撤収《てっしゅう》した。今夜からはツジモト小屋に居候《いそうろう》である。その他、さまざまな荷物を片付け、ナカイ君と私で親子池から水くみを二回ずつして、一八リットルタンク四本の水を蓄《たくわ》えた。

図 4-23　荷物並べ(奥に発電小屋)

昼の天気、西の風三・〇メートル、気温三・二度。ほとんど晴天に見えるが、かすかにベールのような薄雲(巻層雲)がかかり、太陽の周りには日暈《ひがさ》が出た(口絵1参照)。昼食は、ご飯とレトルトの牛丼、ミックスベジタブル、みそ汁。

小屋から発電小屋までの間に命綱を張った。第四次隊(一九六〇年)で、福島紳隊員がブリザードの際の屋外作業中に行方不明となり亡くなってから、命綱を張ることが徹底されるようになった。それから、小屋の山側にすべての荷物を移して平置きにした。四隅《よすみ》と外側に重い荷物を置き、全体にネットをかけて、端を荷物の下へ巻き込んで、上には重石《おもし》を並べて置いた(図4-23)。

荷物並べが一段落してから、インホブデのコケから出てきたトゲクマムシなどの標本を少しずつ作っていく。

一六時一〇分、北北西の風四・五メートル、気温二・八度、気圧九九五・六ヘクトパスカル、曇り。薄雲が全天をおおって、太陽の位置だけがぼんやり明るい。

一六時三〇分、午後のおやつ。コーヒーとケーキをいただく。洋梨《ようなし》のタルトとティラミスを一人一個ずつの贅沢《ぜいたく》なおやつである。

一七時〇五分、北北西の風六メートル、気温二・七度、気圧九九三・七ヘクトパスカル、曇り。風は時々静かになったり、少し風音が強くなったりをくり返すようになってきた。

一八時四〇分、急にピューピューと強い音で風が吹き始めた。

一八時四五分、北の風一四・五メートル、気温四・〇度、気圧九九〇・七ヘクトパスカル、曇り。視程はまだ二〇キロ。放熱のため開けていた発電小屋の扉《とびら》を閉め、代わりに排気ダクトの目張りを外す。

「わ〜、風が強い〜〜〜」。ツジモトさんは風に吹かれて嬉々《きき》としている。

二〇時、北の風一二・四メートル、気温一・九度、気圧九九〇・四ヘクトパスカル、曇り。気圧が下がり続けている。

今日の晩ご飯はアワビのスープ、オムライス、ミックスベジタブルのサラダ。おいしくいただきながら定時交信を待っていると、二〇時半にいつもの五六次隊通信からではなく、五五次隊から通信が入ってきた。

『昭和基地に外出注意令が出たため定時交信を遅らせます』

定時交信は越冬基地の通信室から行われており、その都度《つど》、ミウラ五六次越冬隊長は夏宿から五〇〇メートルほどの基地まで移動している。今日はそれができないのだ。そして六分後、結局そのまま五五次隊通信からの定時交信となった。内容は手短に人員装備の確認と天気予報だけ。

『風のピークは明日〇時より六時で最大四〇メートル。午前中を中心に三五〜四〇メートルの風が吹き、午後も三〇メートル程度の風となる見込み。雪をともなった猛烈な風により視程が悪くなります。明後日はしだいに低気圧が弱まりますが、午前中を中心に二〇メートル、午後は一五メートルの風となる見込み。引き続き雪をともなうため視程が悪くなるおそれがあるでしょう』

定時交信の最後に、ミウラさんからの伝言があった。

『くれぐれも行動に注意してください』

二〇時四五分、風が急に強くなってゴーゴービュービューと吹き始めた。

二〇時五五分、北の風一七メートル、気圧九八六・七ヘクトパスカル。

二一時四五分、猛烈な風になってきた。壁《かべ》の一部がガタガタとうるさいので外に見に行く。

「うわっ、吹き飛ばされそうだ」

外に置いてあった竹ざおが壁に触ってガタガタ音を出していたので直した。海の方から何かバシバシ飛んでくるが、まだ雪ではなく海水の飛沫《ひまつ》みたいだ。

「ナカイ君、ちょっと発電小屋を見に行こう」

まだ視界は大丈夫だが、風はすごい(この時、風速を測る気持ちの余裕もなく、後から残念に思ったが、おそらくまだ二〇メートル／秒を超えたぐらいだったのではないかと思う)。

「うわっ！　と、飛ばされる……」

命綱沿いに歩きながら、横からの突風《とっぷう》にあおられて怖《こわ》い思いをした。

「ぼくはまだ大丈夫です」。ナカイ君は私より二〇キログラム重いので飛ばされないが、さすがに歩きにくそうだ。

発電小屋にたどり着いて扉を開けようとしたが、風圧のためなかなか開けられない。非常に苦労しながら開けて中に入る。扉を閉める時も危険だ。発電機による室温上昇がやはり気になるので、発電小屋内にあるトイレ室の扉を開けておくことにした。

猛烈な風の中、また小屋に戻ってきた。もう発電小屋のトイレに行くのは危険だ。小屋の前室にペール缶トイレとナカイ君が採水で使った空のポリタンクを置き、そこで用を済ませることにした。

二二時二六分、就寝。小屋のカーテンを閉めると夜になった。これまで夜中も明るいテントで寝ていたので、久々の感覚だった。ツジモトさんはいつものベッドにもぐりこみ、ナカイ君と私は床に小屋の布団をひいてころがる。ゴーゴービュービュー……。騒々《そうぞう》しく荒れ狂《くる》う風のせいで、なかなか眠れない。時々何かの塊《かたまり》がゴンゴンとぶつかる音もする。夜中の〇時頃から朝七時頃まで、猛烈な風、騒音、振動《しんどう》が続いた。

一月一七日　スカルブスネスきざはし浜小屋

朝九時二〇分、起床。外は晴れている。風速を測るため外に出る。北の風一五～二二メートル。気温は四度、気圧九七二・二ヘクトパスカル。一〇時過ぎに小屋の蛍光灯《けいこうとう》をつけた。発電機を終夜運転していたが、発電小屋の室温は問題ないようだった。小屋の外の荷物をざっと見回したが、ここにも特に被害《ひがい》は見当たらず、ひと安心した。

一一時少し前、美しい青空の所々に細かいさざ波のような雲が広がっている。陽の光があたって複雑な彩雲《さいうん》の模様を見せてくれる(口絵14)。

遅い朝食をとることにした。甘《あま》いパン二枚と温かい紅茶でほっとする。小屋の窓には、びっしりと黒い点々がこびり付いている。海から飛んできた海水の粒と浜の小さな石粒が吹き付けた跡のようだ。

「ゆうべは全然眠れませんでした」とナカイ君。

「もう、うるさくって」とツジモトさん。

「ほんとに、騒々しくて眠れなかったねー」と私も言うと、

「何言ってるんですか、課長。ひとりでグーグー寝てたくせに」

……まったく、眠れなかったのは自分だけだと思い込む人たちは困る。

そのまま昼過ぎまで三人で雑談を続けた。

昼飯前に、少しオニクマムシ標本を観察し、写真を撮った。標本番号一九と二〇のどちらも、とても良い標本になった。どちらも、爪の副枝の枝分かれは五～六となっている。もう少し標本の数を増やしたいところだが、その後は見つからないままだ。

一三時五〇分、ラーメンの昼食後も顕微鏡仕事を続ける。標本番号二四はクマムシ卵三個。一四時一〇分、北の風一五メートル、気温二・二度、気圧九七六・三ヘクトパスカル。標本番号二五、白いクマムシ。

一五時一〇分、通信が入った。しらせ気象台より、〇時～五時まで視程が一〇〇メートルに満たない状態が続いたので、A級(つまり最強の)ブリザードと見なされる可能性があるとのこと。

今夜の晩ご飯は、厚切り肉の生姜焼《しょうがや》き、きざみキャベツ、じゃがバター。

「ナカイシェフの生姜焼きは、下味をつける時間が足りないのかな」

「それに、ナカイ君、このキャベツって千切《せんぎ》りって言うの？　幅一センチもあるし」

さんざんな評価である。しかしツジモトさんが一時間かけてホイル焼きにしたじゃがバターは、とてもおいしかった。

二二時二〇分、北北東の風七・〇メートル、気温二・二度、気圧九八五・〇ヘクトパスカル、雪。下がり続けた気圧が上がり始めた。そして雪が降り始めた。

二二時二五分、発電機を止めて就寝。

図 4-24　雪のきざはし浜小屋

雪のきざはし浜

一月一八日、夜中一時頃に外に出てみると、あたりは真っ白。一面の雪景色である（図4－24）。

朝九時二〇分、ナカイ君が発電機を始動した。

「スズキさん、早くまたテントを張りたいですね。布団で寝ると腰《こし》が痛いです」

「ナカイ君も、すっかりアウトドア人間になったもんだね」

「からかわないでくださいよ」

おにぎりとみそ汁の朝食の後で、三人の食卓会話は一時間ぐらい続いた。何を話していたのか、たわいもない会話ができるのは健康の証《あかし》だ。その後、私とツジモトさんは顕微鏡仕事を始める。ナカイ君は何かの本を食い入るように読みふけっている。その表紙をのぞき込むと『基本がわかれば簡単、楽しい、おかずレッスン』という本だった。バクテリア研究のための現場での仕事は一段落しているため、しばらくは生物チームの「南極料理人」になるのだ。がんばれ、ナカイ君。

一〇時五一分、五六次隊昭和通信のトダさんの声が聞こえてきた。昭和基地のどこかにいるミウラ隊長とマイクで中継《ちゅうけい》するから会話するように、とのことだ。しかし、なかなかうまくつながらない。基地内での通信チャンネルが混み合っているようだ。ブリザード直後なので、昭和基地も色々と変則的な忙《いそが》しさなのだろう。しばらくは、トダさんがミウラさんとやりとりしているらしい声(トダさんの声だけ)が聞こえる。結局、直接の会話はできないまま、ミウラさんからの伝言は下記の通りだった。

(一) ヘリオペは二〇日または二一日に再開する。
(二) 最終は二月一〇日で、野外チームの資材梱包《こんぽう》はそれまでにやっておくこと。
(三) 一月後半のスカルブスネス以南の宿泊をともなう調査は望ましくない。
(四) ぬるめ池、円山池、椿池の各ヘリオペは昭和からの日帰りを考えてほしい。
(五) 海氷《かいひょう》グループからの支援(シミズさん、タカムラさん)は不可能。

三番目は、スカルブスネスでの宿泊も「望ましくない」という意味なのか。生物チームで本来やりたかった湖沼調査が滞っているため「そこをなんとかお願いします」と言うしかない。これについて再検討してもらいたいことを伝えて、トダさんとの通信を終了した。

今後の日程について、三人で色々と相談をしてから、試料処理の続きをする。白い大小のクマムシが続々と見つかったので、実体顕微鏡の下に集めて写真を撮った(図4－25)。

午後二時すぎに昼食。

「このチャーハン、なんか味がいまいちだね」

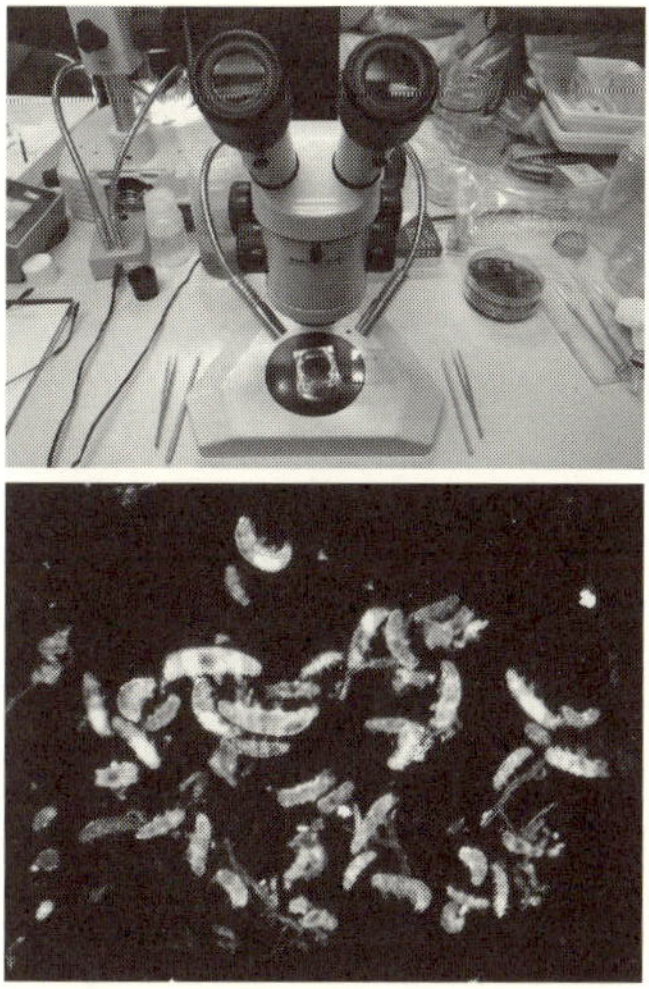

図4–25　実体顕微鏡(上)と，たくさんの白いクマムシ(下)

「ちょっと塩を足してみよう」

「おお、味が締《し》まったねぇ」

などとやってると、また通信が入った。ミウラ隊長からの伝言の追加である。

『二〇日または二一日は、スカルブスネスから昭和に戻るか、それともスカーレンに行くか、どちらを希望するか？』

『いったん昭和へ戻ります。また、スカーレンは日帰りでOKです』

その他の件については、今夜の定時交信で話し合うことになった。

引き続き、試料観察と標本作りを行う。雪はあいかわらず降り続いている。しかし風は少しおだやかになってきた。

「この空模様だから、テント張りは明日にしようかね」

ナカイ君はまだテントに未練が残っているようだったが、しぶしぶあきらめた。

午後七時が近づくと、ナカイシェフが夕食の準備を始めた。今夜のメニューは「鮭のみそ鍋クリーム仕立て」である。午前中に熱心に料理本を読んでいた成果を試す時だ。

午後八時、北風三・〇メートル、気温〇・三度、気圧九九九・八ヘクトパスカル、雪、視程二キロ。その後は、夕食だ。

今日の晩ご飯は、なかなか見栄《みば》えも素晴らしく、味も良い。今回は細く切る包丁《ほうちょう》作業がなくて幸いだったが、その調子だ、ナカイ君。

定時交信は、通常に戻り五六次隊通信のトダさんの声で始まった。ミウラ隊長へ伝えた私たちの要望は、次の通りだ。

(一) スカーレンは日帰りで、後回しでもよい。

(二) ラングホブデでは、雪鳥沢のモニタリング調査、雪鳥沢AWSのデータ回収とメンテナンス、雪鳥池サンプリングおよび水中係留測定装置の回収、四つ池谷の測定装置回収、ぬるめ池へリオペのため五〜六泊。
(三) スカルブスネスでは、長池、野菊池、仏池《ほとけいけ》の湖沼観測のために少なくとも四泊を希望。
(四) スカルブスネスの池の氷が融けるのを待つため、まずラングホブデ、次にスカルブスネスの順とし、昭和基地に帰還《きかん》せず、直接ラングホブデからスカルブスネスでよい。
(五) 湖沼観測のための支援二名希望。

先日のミウラさんからの要望とは対立する面が多いが「そこを何とかお願いします」とツジモトさんはねばり強く説明している。仏池などのスカルブスネス湖沼調査は、今回の生物チームの研究計画では、特に優先度の高い仕事だったのだ。隊長もなんだかんだ言いながら、私たちを応援してくれている優しい雰囲気が、通信機を通して伝わってくる。

交信が終わった後も、四方山話《よもやまばなし》に花を咲かせて、二三時一五分、就寝。

もうすぐ夏が終わる

一月一九日。夜中一時半頃、窓のカーテンの向こう側には、やっぱり白夜《びゃくや》の雪景色が広がっている(図4-26)。朝六時四五分に起床。ほかの二人はまだ寝ている。日誌を書く。

八時前にナカイ君が起きて、発電機を回しに行った。朝ご飯は、昨夜の残りを使った鮭雑炊《さけぞうすい》。おいしい。

図 4-26　きざはし浜の雪景色

朝食後、昭和通信を呼んで、ミウラさんへの伝言を頼んだ。

『もし可能ならば、二一日午前中に昭和基地へ戻り、翌二二日午後にラングホブデへ向かいたい。半日でも早く調査を始められるようにしたい』

すぐ折り返して、ミウラさんからの確認の伝言が入った。

『昭和基地二泊ではなく、一泊でよいのか?』

『オーケー』との伝言を頼むと、再度フライト計画を修正して、今夜の定時交信で連絡してくれることになった。

今日は引き続き試料処理を続けながら、合間に物資の整理をする。小屋裏に退避《たいひ》させた荷物は、雪と砂をかぶっているが、やはりたいした被害はなかった。発電小屋では、以前のように目張りをやり直してから、入口扉を開放した。

一一時二〇分の気象。南西の風一・五メートル、気温〇・九度、気圧九九六・八ヘクトパスカル、曇り。

気象観測の後、コーヒーと甘いパンで休憩し、その後はまた顕微鏡。

昼食は、ご飯、うなぎ、お吸《す》い物。南極でこんな贅沢をしてもよいのだろうか、という気もするが、おいしいご飯を食べれば元気が回復するのはたしかである。

一四時半に、テントを立てた。

「外は気持ちが良いですね」

ナカイ君がしみじみと言う。風はすっかりおさまり、明るい青空に白い雲、陽の光がまぶしい。あたりの風景は今朝からどんどん変化して、あっという間に雪が消えていく。ツジモトさんは浜辺の岩の上、この前ペンギンがいたあたりに座って、あのペンギンのように海を眺《なが》めている。

すっかり天気が回復したので、ツジモト・ナカイ組は船底池《ふなぞこいけ》まで採水に出かけることにした。

私はまた顕微鏡仕事を続ける。南極で作ったスライド標本は三二枚になったが、オニクマムシはまだ二枚だけだ。

一八時過ぎに炊飯器のスイッチを入れた。外出組は二〇時ちょっと前に戻ってきた。今夜はすき焼きだ。

二〇時の気象。南西の風〇・五メートル、気温氷点下〇・三度、気圧九八九・九ヘクトパスカル、晴れ。

「すき焼きは定時交信の後にして、その前にちょっとだけ、肉を焼いて食べませんか?」

「いいねえ、塩だけで焼いたら、おいしそう」

「あー、ビールがうまい」

「課長、ビールばかり飲んでませんか?」

「肉もうまい!」

そうこうするうち、通信機からトダさんの声が入ってきた。

『きざはし浜小屋、こちら昭和通信です。感度ありますか、どうぞ』

ツジモトさんから、定例の現地気象報告に続いて、

『本日の行動は顕微鏡観察と船底池サンプリング、明日の予定は仏池サンプリングと荷物整理、人員・装備ともに異常ありません、どうぞ』

『ミウラ隊長からの伝言です。要望をすべて了解してフライト計画を立てています、どうぞ』

ありがとうございます!

『本日昼過ぎまでは雪。雲は多いものの夕方は晴れました。明日にかけ湿った空気で、引き続き雲が広がりやすく、一時的に雪、今夜は霧になる可能性があります。明後日は西の海上に低気圧で一〇メートルほどのやや強い風、曇り一時雪が降るでしょう。本日、いや明日の〇時一六分に「日の入り」です。つまり白夜の終わりです』

❄ ❄ ❄ ❄ ❄

白夜が終わる。夏の終わりが始まる。

『ツジモトです。あさって風雪という予報だそうですけど……、もし可能ならば、明日中に昭和基地に帰る便を検討していただけないか、とお伝えください、どうぞ』

交信が終わって、南極でのすき焼きを味わう。

「それより、ちょっと聞いてください。ある大学院生の研究発表に対して、ある教員が「それの何がおもしろいわけ?」って言ったんですよ。この言い方ひどいと思いません?」

ツジモトさんがいきなり話題を転換《てんかん》して、熱のこもった雑談を二時間ほど続けていると、ミウラさんからの伝言が入った。

『ASだけではスカルブスネスからの物資を十分には運べないのだが、どうするか』

フライト再開の初日でヘリオペが立て込んでいるに違いない。

『人員だけでも結構です。荷物は後で、スカルから直接ラングへの移動でもよいので、ご検討をお願いします、とお伝えください』

「名案じゃん」

「むしろ、荷物をいちいち昭和基地に戻すよりも効率が良いですよね」

「あさっての風はちょっと心配だからなあ」

ミウラさんには、またしてもフライト計画の見直しをお願いしてしまい、まだ実際にどうなるかわからないのだが、明日の夜には昭和基地に戻れるかもしれない。

図4-27　階段を登って

二二時半に久しぶりに自分のテントへ移動した。そしてもうすぐ、久しぶりの日没《にちぼつ》である。カメラを持って、夕陽の見える丘の上まで、きざはし浜の岩の階段を登っていく。雪はほとんどとけ、岩場のあちこちに少しだけ白い斑《まだら》が見える（図4－27）。

〇時を過ぎ、薄紫《うすむらさき》の雲と山の狭間《はざま》が赤く色づき始めた。ああ、夕焼けだ。眼下に見下ろす親子池の水面も、燃えるように赤くなっていく（口絵21）。

スカルブスネスから昭和基地へ

一月二〇日。七時前に起床。快晴である。今日は風もおだやかでヘリコプター日和なのだが、今日のうちに昭和基地へ移動できるだろうか。

七時半、ナカイ君が発動機を始動してにぎやかな朝が始まる。

「今日の朝ご飯は何かな」

「あとでラングへ持ってく荷物だけ分けておかなきゃね」

などと言っていると、突然通信が入ってきた。

『きざはし浜、こちら昭和通信です。感度ありますか、どうぞ』

一〇時にベルとASが行くから荷物整理をしておくように、とのミウラ隊長からの伝言だった。

「早っ！」

「なぬっ？　ベル？」

「えっ？　人員だけじゃなくなったのか？」

急遽《きゅうきょ》、本格的な引越になってしまった。パンを一枚かじっただけで、急いで荷物の整理をしなければいけない。まずは、昨日久しぶりに立てたばかりのテントを撤収する。次に、きざはし浜に置いておける食料などを分け、早めに食べるべき食材とラングホブデで必要な機材などを箱詰めする。

一〇時、ASが着陸。すぐ続いてベルも着陸した。たくさんの荷物運びが始まる。この忙しさにはもう慣れたが、荷物が重いのはこたえる。あー重い、重い。

一一時〇四分、ベルが発進する。ローターからの強烈な下降気流を受けながら、ナカイ君の卵事件を思い出した。もうはるかな昔の出来事のような気がする。しかし、わずか二週間前のことなのだ。

一一時一〇分、ASに搭乗し、五分後に離陸した。事前にツジモトさんがフィリップ機長に頼んだ通り、ヘリコプターはスカルブスネスの湖沼群を偵察しながら飛んでいく。

図4–28　氷に囲まれた，しらせ

「融けてる！」

仏池、長池、円山池、椿池。なんと、どの池も暖かい風で掻《か》き回されたため、かなり氷が融けているのだ。季節外れのブリザードによる大逆転だった。

　スカルブスネスから南極大陸の広大な氷床を右手に見ながら北上し、今度はラングホブデの上空に来た。雪鳥小屋はブリザードでどうなっているのか？　ツジモトさんが機長に、今度は雪鳥小屋の上空を飛ぶように頼んでいる。あらら、雪鳥小屋の周りが散らかっているようだ。大変なことになっているのではないか、と心配しながら目をこらすうち、ＡＳはするすると降りていって、小屋の前に着陸してくれた。

　小屋の裏側に置いた荷物に被《かぶ》せてあったブルーシートがぼろぼろになって、小屋の近くに引っかかっている。どうも荷物が小屋側に吹き寄せられる方向で風が吹いたようで、食料の入ったダンボール箱はつぶれた形になったものもあるが、消失したものはないように思えた。もしかしたら外側の箱がなくなったかもしれないが、今すぐにはわからない。雪どけ水が小屋裏にたまって池のようになり、そのまま全部かちかちに凍ってしまっている。その中に凍り付いた箱もいくつか見える。

かなりの惨状《さんじょう》を見てから離陸し、白い海原《うなばら》を北上する。途中で「しらせ」が氷に囲まれて見えた。周りには、そりもいくつか見える。氷上輸送をしているのだろうか(図4－28)。

昭和基地にて

一一時五六分、昭和基地に到着した。基地の仲間の助けを借り、先に到着していたベルの荷物の山を軽トラックに積んで車庫の荷物置き場へ移動する。今回も荷物の中で特に重いのは、トイレから出たゴミの袋である。

荷物をあらかた片付けてから第一夏宿で遅い昼食をとった。何人かの仲間と二週間ぶりのあいさつをする。

「ずっと風呂入ってなかったんで、臭《くさ》くないですか？」

「たいして感じないよ」

みんな優しい。さっそく久々の風呂、一夏《いちなつ》の『しののめの湯』に入った。その後、今回からの宿となった二夏《になつ》へ荷物を持って移動した。

一月二〇日 ユリちゃん、サナエさん。今日、やっと昭和基地に戻って来ました。スカルブスネスの「きざはし浜」で一四泊もお風呂なしで過ごしました。さっきお風呂に入って頭を洗い、さっぱりしたところです。夏としては記録的なブリザードが来たので、余分に小屋にいることになりました。ブリザードというのは暴風雪のことです。昭和基地では最大瞬間風速が五〇メートル毎秒を超えたそうです。次に野外へ行くのは、多分、明後日だと思いますが、また風が強くなるという予報が出ているので、どうなるかわかりません。それでは、またね。パパより

一月二一日 お疲れさま。極地研からのメールで、南極で外出禁止令が出たというので、パパたちはどうしてるかな?と思っていました。無事でなにより。ユリちゃんはもう、学校へ行ってしまいました。私もこれから仕事へ行きます。ユリさんは、たくさんお手伝いをしてくれます。すんごい大人になったよ。こないだは二日連続でお買い物に行ってくれました。バイオリンもとっても上手になって、発表会が楽しみです。それではまた。サナエ

一月二二日 ユリちゃん、サナエさん、おはよう。起きたらもう朝だった。南極に夜が来るようになりました。白夜はおしまいで、夏も終わりです。草も木もないので、季節感はお日様具合だけのようです。ユリちゃん、おつかいもできるようになったか。すごい。こちらの仕事はボチボチです。仕事はまだ半分も終わっていないのに、あと二週間ぐらいしか残っていません。基地の人たちはもっと大変です。しらせが接岸して、最近「氷上輸送」が始まり、氷がしまる夜中の仕事なので徹夜《てつや》仕事。基地の工事も遅れていて徹夜仕事。今日パパは越冬隊の人達の越冬用私物を「しらせ」から基地に運ぶお手伝いに行

きます。雪上車が引くそりに乗るんだよ。野外から戻って疲れがとれてないので、足手まといにならないように気を付けたいです。それではまた。パパ

夢を叶《かな》えるプラント

一月二一日は一日中、基地の仕事を手伝った。朝八時からそりに乗って「しらせ」が停まっている所まで、氷の割れ目を避《さ》けながら三〇分ぐらいかけて行く。寒い。「しらせ」の船体はオレンジ色に塗《ぬ》られているが、船底の方は、それがはげて灰色になっている。

たくさんの荷物を手渡しリレーでそりに載せ、また昭和基地まで三〇分、氷上の寒い旅。東オングル島の「みはらし」という場所に上陸し、荷あげ、荷物運びリレー。お昼になり、残りの仕事は後回しで夏宿に戻った。

午後一時。生物チームの打合せはツジモトさんとナカイ君に任せて、私は工事の手伝いに行った。職場は生コンのプラント、つまりコンクリートを作る仕事だ。「夢を叶えるプラント」という看板がかかっていた(図4-29)。

図4-29　夢を叶えるプラント

一度にバケツ二七杯の砂、四杯のアルミナ(寒冷地用セメント)、三杯半の水を大きなミキサーで七分間混ぜ合わせてから工事現場に運ぶ。これを全部で一二回やった。支援に来た海上自衛官たちがおもな力仕事を担当してくれているが、気象庁の人なども汗《あせ》を流している。私は水くみと時間を測る「品質管理部」を任命された。力仕事が少ないのは楽なのだが、七分ずつの待ち時間があって体が冷える。零度以下の気温で小雪が舞う中の水仕事は、とても寒かった。

生コンの現場が終わった後は、午前中の荷物を回収する手伝いだ。トラックの荷台に乗って「みはらし」へ行き、荷物を荷台に載せて車庫(荷物の一時置き場)まで運ぶ。ひたすら荷物運びリレー。南極では荷物運びばかりしている。ヘリコプターで野外へ行く時も帰る時も、たくさんの重い箱を、何十回もあっちからこっち、こっちからあっちへと、運んでばかりだ。

一月二二日 ユリちゃん、もし今日ヘリコプターが飛べたら、また風呂なし生活です。もう時間がないので、二月四日までずっと野外の予定です。あと二週間足らずでラングホブデとスカルブスネスでたくさん残っている仕事をやらなければ……。足の使い過ぎで膝が痛いですが、けがはしてないので、もう少しがんばれそうです。気を付けて行って来ます。でも今日は風が強いなぁ……。出発は一日延びるかも。

第5章
南極の湖とコケ坊主《ぼうず》

椿池と氷河

ふたたびスカルブスネスへ

季節外れのブリザードは逆転ホームランのような結果をもたらした。暖かい暴風にかき回されて、頑固《がんこ》な氷が融《と》けてしまったのだ。結局、一昨日の朝、私たちが大あわてで撤収《てっしゅう》したばかりのきざはし浜《はま》小屋へ、今日、一月二二日にまた戻ることになった。今回のメンバーは生物チームにタカハシさんとヒラノさんが加わった五名だ。ヘリポートへ行く途中《とちゅう》の工事現場では、気象庁の人や海氷《かいひょう》チームのタカムラさんがコンクリートを打っていた。

一〇時一五分、きざはし浜へ着いた。ヘリコプターから降り、いつもの荷物運びが済んでから、テントを三つ張《は》った。この浜には、試料処理のための小さな箱のような緑色の小屋が閉まったままになっていた。今回、タカハシさんはその中で寝ることにした。

午後二時、雪が降る中を、ボートなどの道具を担《かつ》いで長池《ながいけ》へ出発し、三〇分歩いて到着した。湖畔《こはん》に広がる平たい岩の上に、大小の岩がたくさん置かれていておもしろい。なかにはハチの巣のように穴だらけの岩もある。これらの岩は氷河が移動しながらここに並べ、強い風が穴を開けたのだ(図5－1)。岩盤《がんばん》の一部も穴だらけになっている。

さっそくツジモト・ナカイ組がボートをこぎ出し、一〇分ほどで早々《はやばや》と係留《けいりゅう》装置を回収した。

次はツジモト・タカハシ組で係留装置の再設置に行き、それも二〇分ほどで終了した。明日の湖《こ》底試料《ていしりょう》採集のための偵察《ていさつ》も行った。ヒラノさんがヒマそうにしていたので、彼もボートに乗って、箱眼鏡を使って湖底の観察をした。湖底にはコケ坊主《ぼうず》が生えていて、明日はそれを採集するのだ。ナカイ君はすでにかなり興奮している。

雪で寒かったが、効率よく作業を終えて、小屋に戻ってきた。晩ご飯のシェフは、久しぶりのタカハシさんだ。献立《こんだて》はパエリアとピザ。おいしい！　今日も良い一日だった。

図5–1　穴だらけの迷子石

コケ坊主

翌日、ツジモトさんとナカイ君は、長池のコケ坊主を首尾よく採集した。コケ坊主というのは、一～二種のコケ（蘚類《せんるい》）が藻類《そうるい》やバクテリアとともに塔《とう》のような形を作り、湖底一面からにょきにょきと生えた構造体である。湿地帯でスゲの仲間が作る「谷地坊主《やちぼうず》」に形が似ていることから名付けられた。英語ではmoss pillarsと呼ぶ。大きい物は高さが八〇センチにもなるそうだ（図5–2）。

翌日、二四日には仏池《ほとけいけ》でも湖底試料の採集をした。ちょうど二〇年前の一九九五年一月に、ツジモトさんの師匠《ししょう》、「仏《イム》」ことイムラさんが、世界で初めてコケ坊主を発見した池だ。

最初の発見から五年後の二〇〇〇年一月に採集されたコケ坊主が極地研で冷凍保存されていた。ナカイ君は、そのコケ坊主二個をたくさんの輪切りにして、その各部分に含まれる核酸を調べた。その結果、コケ坊主に含まれる驚くほどの生物多様性を発見し二〇一二年に論文として発表していた。

コケ坊主の中には、蘚類を含む少なくとも五二種の真核《しんかく》生物とともに、約三〇〇種ものバクテリアが暮らしているらしい。しかも、その多くは未発見の種だった。またその中からは、少なくとも二種のクマムシの遺伝子《いでんし》も見つかったのだ。

私はその話を聞いてから、そのコケ坊主の残りをも

図 5-2　仏池のコケ坊主(提供：中井亮佑)

らって顕微鏡《けんびきょう》で探したところ、実際に二種のクマムシが見つかったから驚いた。ともかく、コケ坊主は南極の湖底のにぎやかなアパートなのだ。

昨日の長池採集でも興奮していたナカイ君だが、ここは彼にとってまさに聖地だ。

「いよいよですね。いよいよ今日は仏池ですね！」

もう感動しまくっている。

ツジモトさんとナカイくんが湖底採集の準備をする間、私はヒラノさんとボートに乗り、コケ坊主を観察した。岸に近い所から水底《みなそこ》に小さなコケ坊主が現れ始め、緑色の濃《こ》くなる深さになると、大きなコケ坊主が立ち並んでいる。水深一・五メートルぐらいまでは凍《こお》る可能性があり、それより深い所でコケ坊主が発達するとイムラさんの論文に書かれている。さて、ナカイ君たちは準備ができたようだ。

彼らがコケ坊主の採集をする間、私たち荷運び班は日向《ひなた》ぼっこをしながら行動食をたべたり、そこらを散歩したりして過ごした。この辺りには、生き物の気配がない。地衣《ちい》すら生えていない。岩と石と砂があるだけだ。池の底にはコケ坊主が立ち並んで豊かな生態系を作っているのに、地上には何も見えない。

ボートの二人はずいぶん苦労しながら、お昼すぎに三〇センチほどの大きさのコケ坊主を採った。ナカイ君は色々な角度から写真撮影をしたり、長さの測定をしたりした後、その解体を始め

図5–3　コケ坊主の解体

た。上中下・内外に切り分け、遺伝子保存溶液《ようえき》を入れたチューブに回収していく（図5－3）。以前の研究で、コケ坊主の一個一個は、かなり違った住人を住まわせていることがわかっていた。今日の新たなコケ坊主からも、また未知の住人が見つかるだろうか。

「岩の上からコケ坊主が見えますよ！」

辺りを歩いていたタカハシさんが教えてくれた。ヒラノさんとそっちの方へ登ってみる。風がおさまってさざ波がなくなった瞬間、水底に濃《のう》緑色《りょくしょく》の斑模様《まだらもよう》が浮かび上がった。

コケ坊主の処理を終えたナカイ君は、池の水を採り、水質測定をした。彼の聖地巡礼《じゅんれい》はこうして無事に終了した。

今夜のタカハシシェフの豪華《ごうか》な献立は、カリフラワーのスープ、カツオとタコのカルパッチョ、カペリーニ（細いパスタ）、ローストビーフ。コケ坊主に乾杯《かんぱい》！　おいしい。今日も良い一日だった。平和な気分で、二二時二〇分頃、就寝。

スカーレンの輝《かがや》く氷河と明るい池

一月二五日、日曜日。早朝のテント内で「たしか今日はユリたちの演奏会だ。今頃リハーサル中かな」などと思いながら、日誌書きをした。

八時過ぎにベルが来て、きざはし浜の五名と海上保安庁のシモムラさんを乗せてスカーレンに飛ぶ。一〇分少々の飛行で非常に明るいスカーレン海岸に到着した。海の方には氷河のせまる雄大《ゆうだい》な南極らしい風景が広がり、こっちの陸側にはスカーレン大池が広がっている(図5－4)。

シモムラさんとタカハシさんは海氷の下の潮汐計《ちょうせきけい》の回収に向かい、ナカイ君は海岸に設置されているAWSからのデータ回収を始める(図5－5)。私たちはスカーレン大池でゴムボートの準備だ。三〇分ほどでナカイ君が戻り、ツジモトさんとボートをこぎ出して、水質調査とサンプリングを行う。

快晴《かいせい》の青空の下で、ボートの周りにキラキラと水しぶきが光る(図5－6)。気温二・三度、北北東の風三・五メートル。私は広々として明るく気持ちの良

図5-4　スカーレンの氷瀑(ひょうばく)

図5–5　スカーレンのAWS

図5–6　スカーレン大池でのボート作業

い池の周辺を歩き回って、岩の上に生える地衣類や岩陰《いわかげ》の蘚類などを採集した。

水際には、極地研の人たちが「コロッケ」と呼ぶ藻類の固まりが点々と落ちている(口絵26)。表面はコロッケのように黄色っぽくなっているが、割ってみると中は緑色である。岩の上に打ち上げられた乾燥《かんそう》コロッケも多い。

所々に大きなブドウの皮が大量に捨てられているみたいな、色はワカメ色をしたイシクラゲが生えている(口絵27)。これはネンジュモ(念珠藻)というシアノバクテリアの群体《ぐんたい》(小さな個体――この場合は単細胞――が集合して一つの個体のようにふるまうもの)で、日本でも雨上がりの草むらなどで見かける。コケだけでなく、このような生物も集めながら、一六時頃まで楽しい散策を続けた。

休みなしの調査、調査

『ふーこー、せーなんせー、ふーそく、二・五メートル、きおん、一・四度、……』

ツジモトさんが今夜も西南西の風を報告する。そして今後の日程が固まっていく。二六日に椿《つばき》池《いけ》、二七日にラングホブデぬるめ池、二八日に野菊池《のぎくいけ》、二九日に円山池《まるやまいけ》。三〇日に、きざはし浜の小屋を閉めてラング雪鳥《ゆきどり》小屋へ移動し、二月四日に昭和基地に戻るという予定となった。このうち二八日以外はすべてヘリオペである。私たちがフィールドにいられるのは、残り一〇日足らず。休みなしに歩き続けて膝《ひざ》が痛いが、休んでいる時間はない。

明日も朝が早い。八時にベルが昭和基地を発つことになっている。早々とテントへ移動して、今日撮《と》った写真の整理、データの保存、日誌書きをして、二二時過ぎに就寝した。

椿池

一月二六日、明け方三時頃に目が覚めてからあまり眠れなかったが、五時五五分に発電機が始動する音で目が覚めた。いつの間に眠ったのだろうか。サンマと梅干しで朝ご飯。

北北東の風一・五メートル、気温氷点下一・六度、快晴。青空の下で寝っころがってベルを待つ。昭和基地から一〇分のはずだが、なかなか現れない。ポールはここへ来る途中で、椿池の着陸地点を偵察したため時間がかかったのだった。

きざはし浜から椿池上空までは、ほんの五分で到着する(**本章扉絵**)。氷はほとんど残っておらず、湖面はややクリーム色を混ぜた濃い緑色に見える。着陸地点は湖からやや離《はな》れた場所にある。いったん着陸した場所がコケ群落《ぐんらく》のすぐ近くだったので、丁寧《ていねい》に着陸をやり直した。九時過ぎにヘリポートを出発し、荷物を担いで二〇分足らずの歩きで明るい椿池に到着した。

無風だ。鏡のようになめらかな青い湖面に、真っ白な氷河が映っている。その水面を、ツジモトさんとナカイ君の赤いゴムボートがどんどん遠ざかっていく。タカハシさんは岸を歩いて見守っている(口絵22)。

私はヒラノさんと湖畔でちょっと休憩《きゅうけい》して、おやつを食べ、ボートが戻るまであたりをブラブラしながらコケの採集をする。やや乾《かわ》いた環境だが、コケがたくさんあって、あっという間に一時間が経ってしまった。お昼少し前にボートが戻ってきた。昼食前に、採集した湖底試料の処理を急ぐナカイ君たちである。ここにはコケ坊主のような形のものはないらしいが、藻類やらバクテリアやらが集まったマットはどこにでもあり、どれもが興味の対象である。

それにしても、ごく限られた湖にしかコケ坊主は見つかっていない。コケ坊主の形に成長したりしなかったりするのはなぜなのだろう。それはまだ謎《なぞ》のままだ。

正午になっても風が静かで暖かい。しかし気温を測ると氷点下〇・三度だ。岩の上で装置に風の入らない状態だとプラス八・五度程度になる。陽光を浴びていれば暖かいが空気は冷たい。

クマムシが暮らしているコケの中の環境は、どのぐらい暖まっているのだろう。今回ツジモトさんが四つ池谷などで設置している微小観測装置は、そういう微細環境の温度を測定するための装置なのだ。

コケが多すぎる！

湖岸でのお昼ご飯は、またしても「うなぎ」である。これにお茶をかけて、南極でヒツマブシをいただく。なんと贅沢《ぜいたく》であることか。

昼食後、氷河の方へ歩きながら、コケの群落で採集をする。

「うお〜、コケが多すぎる！」

つい興奮して叫《さけ》んでしまうほど、コケだらけの岩場があった（口絵28）。まったく何も生えていない所のほうが普通なのに、ある所にはある。この違いは何だろう。アザラシの子のミイラの周りにも、やはり青々とした美しいコケ群落が育っていた（図5－7）。やはり栄養分の違いなのか。雪《ゆき》どけ水があるだけではコケは育たない。大部分の地面は、ただ岩と石と砂で、地衣すら生えていないのだ。

岩山の上から湖面のほうを見ると、水のきらめきの中をタカハシさんの歩く姿がシルエットになっている。椿池の向こうに広がる海には、ゴツゴツとがった氷山《ひょうざん》が群れをなしている。今日も一日中、快晴だった。

図5–7　アザラシの子のミイラとコケ

椿池から戻った後、タカハシさんはヒラノさんと一緒にペンギンを見に行った。私たちは、明日の調査の準備とサンプル整理をする。私の今日の採集成果は二六サンプルで、全部コケ(蘚類)だった。

そういえばナカイ君は何してる？　あれれ、フライパンを二つ並べて……、夕食の準備をしている！　今夜はタカハシさんじゃないのか、そうか彼はペンギンに行ってしまったのか……。

今夜の献立は、焼き肉と肉野菜炒《いた》めと焼きそば。シェフの芸風は全然違うが、とてもおいしかった。

明日はラングホブデのぬるめ池。朝六時には活動開始だ。二一時三五分に小屋からテントへ移動する。二一時四五分、ドラム缶《かん》がボンと音をたてる。二二時二七分、またボンという音。

日没《にちぼっ》が近くなり、シェッゲが赤くなる。今夜の日没は二三時〇五分。日没の少し前が、シェッゲの赤くなる時間だ。カメラを持ってきざはしの丘に登る。夕陽の見える所まで登るのはあきらめ、何枚か夕焼けの写真を撮って引き返す。手がかじかむ。二三時五五分、就寝。

ぬるめ池の黒い泥《どろ》

一月二七日、朝の一時三五分、寒くて目が覚めた。テントの中は〇・二度だった。外を見ると、朝焼けの雲の色は夕焼けとは少し違い、ピンク色がかっている。またテントに引っ込んで、防寒用の綿入れズボンをはいて眠る。

五時一〇分に起床して日誌書き。テント内は二・九度で寝ていると背中が寒い。しかし、五時四七分頃に日が射し始め、急に暖かくなってきた。五時五〇分、ドラム缶がボン、と鳴った。そして一〇分後、発電機の回る音が始まった。

七時少し前に通信で『本日のフライトは予定通り』と連絡があった。そして八時少し前に『しらせ離岸』という通信の声が聞こえた。

「しらせ」が昭和基地を離れ、帰路航海が始まったのだ。

さて、昭和基地から飛んできたのは今日もベルだ。海氷《かいひょう》チームからの助っ人二名、タカムラさんとシミズさんも乗っている。前にミウラ隊長は「海氷チームからの支援はもう不可能」と言っていたのだが、結局希望をかなえてくれたのだ。南極が四回目のシミズさんの専門は海氷観測なので、仕事場はもっぱら「しらせ」艦上と周囲の海氷上だ。彼も今回は南極の大地を歩く。

ぬるめ池は雪鳥小屋の北西のせまい半島の中ほどにあり、池の東と西はすぐに海岸になっている(図5－8)。ぬるめ池に到着して、まず池の水を塩分計で見てみた。二六・五パーミルという数

図5-8　ぬるめ池

字だ。平均的な海水(三五パーミル)よりは低いが、この辺りの海岸の水よりは、よほど高い塩分である。ここは海から取り残された塩《えん》湖《こ》だと考えられている。もしかしたら、この池に海産種のクマムシがいるかも、と思いつつ、まずは西側の海岸のほうでサンプリングを始めた。

海岸の砂をシャベルで掘《ほ》ってバケツに入れ、淡水《たんすい》を投入してかき回し、三二マイクロメートルのメッシュで濾過《ろか》し、海水でサンプル瓶《びん》に回収する(図5-9)。今日はタカムラさんが手伝ってくれるので仕事がとても楽だ。水深約八〇センチの潮下帯《ちょうかたい》、本日の高潮線《こうちょうせん》、大潮《おおしお》の高潮線の三か所で砂を集めた。やはり池よりも塩分は低く、潮下帯で七パーミル、砂浜は三~三・五パーミルしかない。海水温は〇・五度なので、海の中で砂を掘るのはなかなか冷たい。

ツジモト・ナカイ組は池の係留測定機器の回収・再設置をしてから、サンプリングをしていたので、その湖底試料の残りをもらった。水深四・九メートル、六・三メートル、九・八メートルの三か所のサンプルだが、何やら真っ黒けだ。ともかく、これを真水《まみず》で洗ってメ

ッシュで集め、ぬるめ池の塩水に戻した。メッシュを池の水でじゃばじゃばやると、真っ黒な汚《よご》れが湖水を漂《ただよ》っていく。ナカイ君の好きな変なバクテリアはいるかもしれないが、とてもクマムシがいるような環境には思えない。でも、これも貴重なサンプルなのである。

　昼食後は、池の東側の海岸でも穴掘りをした。これらから、何かおもしろいものが出てきたらよいのだが……。微小動物の採集では、フィールドで「見つけた！」という興奮のないことが、やっぱり残念だ。その興奮は、顕微鏡を見ながら後からやってくるわけだが、サンプルはどんどん増えても、顕微鏡で調べる時間がなかなか取れないのが悩《なや》みの種なのだ（これまで南極で集めたサンプルを全部調べ終わるまでに、いったい何年かかるだろう……）。

　ぬるめ池の仕事を終えて、きざはし浜へ戻ってきた。海氷チームの二人と支援を交代して、タカハシさんとヒラノさんはそのままベルに乗って昭和基地へ戻っていった。

　天気予報によれば、まだしばらく好天が続きそうだ。明日は野菊池だ。ヘリオペではないので、朝は少しゆっくりできる。定時交信

図 5-9　ぬるめ池横の海岸で採集(提供：平野淳)

が終わって早々に小屋から撤収したが、まだ少しサンプル処理が残っている。海のサンプルをホルマリン固定とエタノール固定に分けなければ。白《びゃく》夜《や》は終わったが、まだまだ明るいから外でやれる。二一時五五分にようやく終了。

今夜から緑色の実験小屋に移動。おお、こっちはテントよりも暖かい。日誌書きを少ししてから、二二時五五分に就寝。

野菊池のコケ坊主

一月二八日、五時一八分に起床した。緑の実験小屋は暖かくて居心地が良い。しかし、右肩が痛くて、夜中に時々目が覚めた。

今朝は生物チームのヘリオペはないのだが、ベルが飛んできた。氷河の上にGPSを設置するチームを乗せていて、ここで給油するのだ。久しぶりにASも来た。氷河チームが出発するのを見送ってから、私たちも背負子《しょいこ》を担いで歩き始める。長池で小休止してから、また歩き、約一時間で野菊池に着いた。

この池にはまだ湖面の中ほどに四分の一程度の氷が残っているので、ゴムボートはその氷の周囲を回っていく格好になる。ツジモトさんとナカイ君がかなり苦労の末、昼までに大小二つのコケ坊主収穫に成功した。バケツに入ったコケ坊主は、本体のコケの部分が髪《かみ》の毛のようだ。ナカイ君が一部を切り分けると、それがまた、よけいに髪の毛みたいに見える(図5-10)。

「なんかこれ、ザンバラ髪の落ち武者《むしゃ》の生首《なまくび》みたい……」

「うーん、なんだか薄気味《うすきみ》悪いなあ……」

私たちは横でそんなことを言い合っているが、採った二人は大喜びしている。

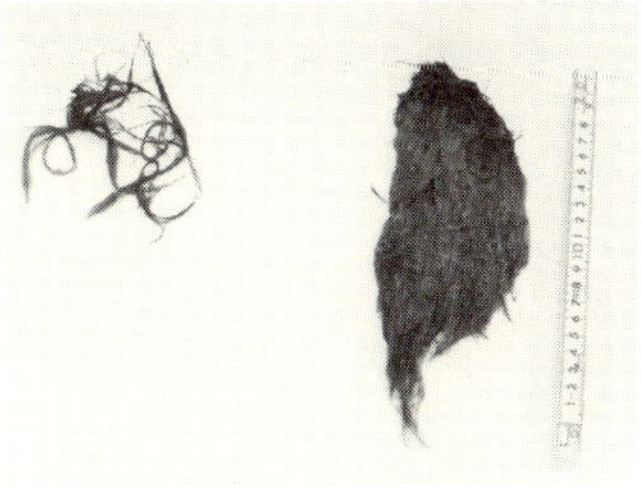

図5-10　髪の毛のような……
（提供：中井亮佑）

コケ坊主組が生首をいじっているうち、私とタカムラ、シミズの三人は急斜面《しゃめん》を海の方におりてみることにした。ここの海氷は乱雑な形にぐじゃぐじゃになっていて、あたり一面、白と水色の縞模様《しまもよう》になっている。岩のすき間に所々コケが生えているので採集。

ペンギン保育園

野菊池の作業が終了したので、ペンギンを見て帰ることになった。

ブリザードの夜、ペンギンはどうしていただろう。すぐ隣《となり》の山の向こうが鳥の巣湾《わん》である。よっこらしょ、と背負子を担いでペンギン村

図 5-11　ペンギン保育園

まで、岬《みさき》をまわって四〇分ほど歩いていく。ルッカリーで二人に追いついた。

「おお、ずいぶん大きくなったなあ！」

灰色のヒナたちは、ペンギン村の真ん中の大石の上に集まっていた。もう背丈はほとんど親と同じぐらいだが、まだまだ子ども。石の上は保育園のようだ（図5－11）。石のまわりで時々ギャーギャーわめく親がいる。何やら引きつった険しい顔つきでわめいている。もともとアデリーペンギンの目付きはよろしくないが、頭を三角のようにとんがらかせて、さらに凶悪《きょうあく》になっている。

でも、子どもたちはモコモコしていてかわいい。もうすぐ冬になる前に、モコモコじゃなくなるのだろうか。

「元気でね、さよなら、ペンギン」

鳥の巣湾を歩いて帰る途中にも、いくつかコケを拾って、また九つサンプルが増えた。

明日はヘリオペで朝が早い。スカルブスネスでの最後の予定地は円山池とあやめ池だ。

円山池とあやめ池

一月二九日、今日もベルに乗って、円山池に九時過ぎに到着した(図5－12)。近くに円山という名の山があるので円山池。ここでもボートで湖底試料の採集と陸上のコケ採集をする(本書カバー)。作業内容は昨日と同じだが、ここにはコケ坊主はないようだ。私は池の周辺でおやつを食べたり、コケを探したりするうちにお昼になる。

午後は、隣のあやめ池に行く(口絵29)。両側を山にはさまれた緑色の細長い池。その手前にはゆったりした沢《さわ》が広がっている。横長で大きな壁《かべ》のように連なる明るい灰色の岩の表面に水が流れ、水でぬれている所はあかね色で、流れの後で乾いた部分が黒い。絵の具で塗《ぬ》り分けたような縦縞《たてじま》の模様になっている(口絵24)。

「うわ、ローズ……。あのローズの岩、すごい。ちょっと行ってきます」

ナカイ君がいきなり興奮して、その岩壁《がんぺき》の下まで駆《か》け寄り、サンプリングを始めた。どんなバクテリアがいるんだか、ともかく彼にとっては、すごい薔薇色《ばらいろ》らしい。

図5-12　円山池

ツジモトさんたちは、あやめ池でもボートで仕事をするので、その間に私は陸上のコケを探して歩く。この広い沢の岩々の間でも、大きなコケ群落が見つかった。また、岩棚《いわだな》の上にはひからびたイシクラゲの集団があって、よく見るとその一つ一つのくぼみの中に、緑色のコケが入り込んでいる。この中に小さな動物たちも暮らしているのかな？　ささやかだけれどもにぎやかな、楽しい情景が思い浮かぶ。

緑色の池、薔薇色の壁、快晴の明るい谷間……。夢のような時間はあっという間に過ぎていった。

今日のあやめ池の調査で、私たちのスカルブスネス露岩域《ろがんいき》での予定はすべて終了した。明日は、スカルブスネスとお別れの日だ。きざはし浜小屋で最後の乾杯をし、楽しくお好み焼きパーティーをした。

二〇時の気象。北北東の風二・〇メートル、気温氷点下三・六度、快晴。風向《ふうこう》が逆になっている。いつもなら朝の風向きだ。季節が変わったということか。寒い。

昭和通信によれば、昭和基地すぐ近くの西ノ浦《にしのうら》という海で、「漁協係」の隊員がウニ二三個と魚七匹を採ったらしい。これらの獲物は生態学的データとして記録された後、食材として有効利用されている。このように、氷の下の凍らない深さの海底には、多くの動物が暮らしているのだ。そんな場所で採泥器《さいでいき》を使ったり、潜水《せんすい》したりして海底の堆積物《たいせきぶつ》を採取すれば、そこからクマムシなどの微小な動物も見つかるはずだが、そういう研究はまだされていないのだ。私にはもうそのチャンスはないだろうが、将来の誰《だれ》かに期待したい。

『五五次隊とのパーティーやってます』とミウラさんの声。もうすぐ二月一日、いよいよ越冬《えっとう》交代なのだ。これまでの五五次越冬隊は夏宿《なつしゅく》に移り、ミウラさんが指揮する五六次越冬隊が昭和基地を引きつぐことになる。

きざはし浜の小屋閉め

一月三〇日、今朝も快晴。六時三五分、西南西の風二・〇メートル、気温氷点下六・三度。朝の風向きも逆だ。いつもは昼前から夜が「せーなんせー」の風だったのに。寒い。ピラフ、ミックスベジタブル、オムレツの朝食後は、ひたすら小屋の片付けをする。

九時二〇分にベルが乗客六人を乗せて到着した。小屋閉めのために機械隊員のモリワキさん、ラングで仕事のある海上保安庁のシモムラさん。今日からまた生物チームに加わるアベさんとヒラノさんのほか、新たな助っ人として、今日「しらせ」に戻るシミズさんとタカムラさんのかわりに、フジワラ君とスヤマ君という二人の若者も来た。ちょうど一〇時に第一陣の荷物と四名を乗せて第一便がラングホブデに向けて出発した。

残った私たちは、片付けを続ける。カレーライスとみそ汁《しる》の昼食後も引き続き片付けだ。ベル

第二便が物資満載でラングホブデに飛び立ち、三時過ぎに戻ってきた。まだたくさんある荷物の山を見たポールは、

「あと一回じゃ、残りの荷物全部と七名全員は無理だ」

いったん荷物を運んでから、ローターを止めずにもう一往復することになった。

きざはし浜小屋の片付けを終え、あちこちに目張りをして小屋閉めをする。私がここに来ることは、たぶんもうないだろう。さよなら、スカルブスネス。

こうして第四便で私たちはラングホブデに向かった。

氷の回廊《かいろう》でおどるベル

さまざまなおもしろい形の氷山が群れをなしている。その青白い輝きの間を、ポールが操縦するベルは海面すれすれに飛んでいく。まるで氷の上で楽しくダンスをするみたいに、右に左にゆれながら氷の脇《わき》を通り過ぎていく。ポールは南極に来る前には、アフガニスタンの戦場で飛んでいたそうだ。今日のフライトが楽しくてしかたがない彼の気分が伝わってくる。

ラングホブデには一六時五二分に到着した。二〇分後、ベルは、「しらせ」行きのタカムラ・シミズ組、昭和行きのモリワキ・シモムラ組とそれぞれの荷物を積んで飛び立っていった。

今夜の気象は、北の風四・五メートル、気温氷点下二・一度、気圧九九〇・一ヘクトパスカル、

快晴。久しぶりの雪鳥小屋で乾杯する。今夜の献立は、かまぼこ、ツナとインゲンのピリ辛、おでん。定時交信の時間が近づくと、アベさんが、またツジモトさんの真似《まね》をするので楽しい。

『本日は晴れ一時雪でした。今夜は、風五〜八メートル、晴れ。明日三一日は、風一〇〜五メートル、曇《くも》り。明後日二月一日は風五メートル、曇り。明日の日の出は二時三三分、日の入り二二時三一分です』

今日も良い一日だった。明日からラングホブデで残りわずかなフィールドワークが始まる。テントからオレンジ色の空が見える。太陽が沈《しず》み切る間際の一瞬、緑色の光を放つことがあるという。グリーンフラッシュというめずらしい現象で、幸福をもたらすと言い伝えられている。『緑の光線』という昔観た映画を思い出す。見えるかな、と期待しながら日没を見守るが、残念ながら確認できなかった。二三時二五分、就寝。

海氷チームからの二人の若者

一月三一日、午前一時頃目が覚めた。テント内の温度は氷点下二・八度。

朝六時〇五分に起床。北北西の風〇・五メートル、気温氷点下三・一度。テント内は五・六度。

ナカイ君がフジワラ君とスヤマ君に発動機の始動法を教えている。二人ともナカイ君と同じくらい背が高い。彼らは東大で海洋技術を専攻する大学院生で、これまで海氷チームに加わって

「しらせ」近くの氷上でひたすら穴掘りをしていたらしい。海氷チーム・シミズさんとタカムラさんの理解を得て、彼らも南極最後の一週間をラングホブデで過ごすことになった。スヤマ君は、「ラングホブデって所には、お風呂《ふろ》あるんですか?」などと聞いて皆から笑われたらしい。しかし、ここで数日暮らせば、すぐに彼らも立派なフィールドワーカーになることだろう。

トーストとハムエッグの朝食後、雪鳥沢方面に行く。二人の若者はアスパに入る手続きをされていないため残念ながら雪鳥沢には入れないが、海はアスパに含まれないため、沢の下流付近の海岸でヒラノさんと一緒に海仕事を手伝ってもらう。ほかのメンバーは雪鳥沢の山仕事に行った。

海岸の氷はかなり融けて海が開いている。海の中には、黄土色《おうどいろ》のひものような(ヒモムシではない)ものがころがっている。海に流れ込んだバクテリアの残骸《ざんがい》か、あるいは鳥の糞《ふん》か、よくわからない。貝殻《かいがら》も時々ある。打ち上げられたものか、あるいは流れ込んだ化石か。残念ながら生きている物の気配は感じられない。

よく潮の引いた遠浅の海の中を、氷を踏《ふ》み割りながら一五メートルほど進み、膝ほどの深さの海底から砂を集めた。その後、満潮線あたりの浜を掘った(図5-13)。それだけでお昼となり、小屋に戻って昼食にする。若者たちの食欲に合わせて、ヒラノさんと私もレトルトのシチューかけご飯とカップ麺《めん》を食べた。

午後にも冷たい海の中と浜の二か所でサンプリングをした。この中に、どんな動物が潜《ひそ》んでいるのか、それとも何もいないのか。何かがいると期待しながら……。

夕食はキノコのピザ、アスパラガスとビーフシチュー。指のひび割れが痛い。アベさんの助言に従い、クリームをたっぷり塗って、実験用の薄いゴム手袋を付けて眠ることにした。二三時に就寝。

悲しい泥の谷

図 5-13　海での作業

二月一日、海採集を学生二人に任せて、私も今日は、一か月ぶりで雪鳥沢に入った。美しい緑のコケの谷は変貌《へんぼう》していた。何十年に一度の、「夏期における観測史上最強」のブリザードの影響で、中流から下のほうは、すさまじく荒《あ》れていた。

土のほとんど見当たらない南極で、どこから出てきたのか不思議なほどの泥をかぶって、青々としていたコケ群落が隠《かく》れてしまっていたり、群落ごとめくれて飛ばされたような場所がある。南極の厳しい気候の中で、あのコケたち

図5–14　モニタリング地点の例

は、いったいどれぐらいの年月をかけて成長したのかと思うと、辛《つら》い気持ちになる。しかし、仮にこれが一〇〇年に一度の災害だとすると、過去一万年間に一〇〇回もくり返されてきたかもしれない。それがここの自然なのだ。

雪鳥沢モニタリング調査では、蘚類と地衣類合わせて五〇か所以上の定点で、現状調査と写真撮影をしなければならない（図5–14）。ボート作業をするツジモト・ナカイ・アベ組を雪鳥池に残して、私とヒラノさんは、それより上流の定点を探すため、さらに登っていった。

雪鳥池の氷はほとんど融けていたが、沢の上流の雪はしっかり積もったままだ。ずっと上の東雪鳥池付近に廃棄《はいき》ドラム缶があるという情報があり、ヒラノさんはそれを確認したかったのだが、雪が多くて断念した。コケのモニタリング地点のいくつかも、雪に埋《う》もれて確認できなかった。それを探すのに苦労して、なかなか今回はコケ採集をする余裕《よゆう》がなく、今日採集したコケは三つだけだ。

晩ご飯の献立は、ぶたロースのしょうゆ焼きにグリーンピースとカボチャ添え、中華野菜スープ、肉の脂《あぶら》でガーリック炒飯《チャーハン》。今夜もご飯がうまい。

夕暮れの空は高積雲《こうせきうん》の曇りで雲量九。太陽が落ちるあたりだけ晴れており、沈む夕陽を見ることができた。でも、まだグリーンフラッシュを見ることができていない。

今夜もクリームと手袋で指のひび割れを手当てし、二三時一〇分に就寝。

アベモトさんの定時交信

二月二日の午前中は、ヒラノさんが若者二人を連れて一八九メートル峰《ほう》に行き、私たちは雪鳥沢モニタリング調査の続きをした。

昼に小屋に戻ると、フジワラ・スヤマの二人が小屋裏でダンボール箱の発掘作業をしていた。そう、あのブリザードで被害《ひがい》にあった荷物の一部は、いまだに氷の中に閉じ込められていたのだ。棚の下に置いてあった保存食料や飲料の箱が、そこで氷づけになっている。彼らは棚下にもぐり込んで、少しずつ氷をけずっている。彼らは「しらせ」では海氷上での穴掘り、ラングホブデでは私の手伝いで海岸の穴掘り、そして小屋でも氷からの発掘作業。今日も穴掘りなのだった。

午後は皆で四つ池谷に行き、ツジモトさんは前回の仕事の続きをし、私はまたコケ試料を追加した。その帰り道、谷の岩の間で、古いドラム缶を発見した。先日ヒラノさんが確認したかった物とは別の物らしい。東雪鳥池の近くの奴《やつ》も不思議だが、いったいなぜ、こんな山の中にあるのだろう。ブリザードでこんな所まで飛んでくるのだろうか。

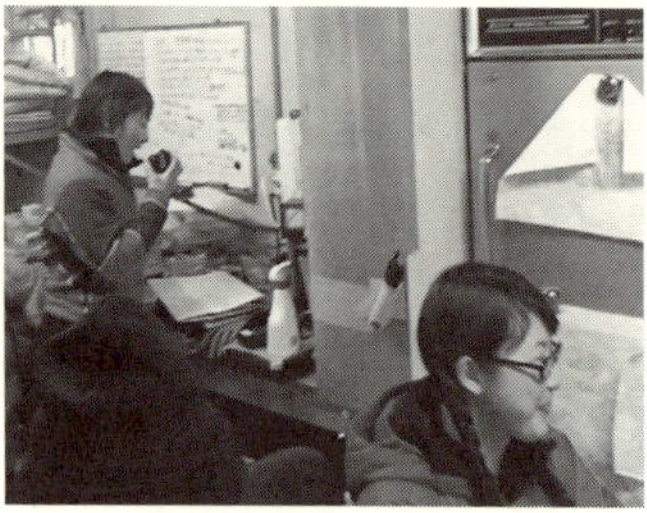
図 5–15　定時交信をするアベモトさん．手前が本物のツジモトさん

今夜の定時交信で、アベさんがツジモトさんの真似をして生物チームの報告を始めた。

『こちら、ゆきどりごや、です。じんいんそうび、いじょうありません、どうぞ』

『はい……、ツジモトさん……、すごく落ち着いた声でありがとうございます』

「わははははは」。トダさんの受け答えに、小屋の中は大爆笑となった。

『それでは、本日の気象をお願いします』

本物と交代するタイミングを失い、アベさんがそのまま続ける。

『ふーこー、にし、ふーそく、〇・五めーとる、……』

その後、ミウラ隊長が今後の予定を話し始めたので、あわててツジモトさんが交代して、

『いつもご迷惑《めいわく》をおかけしておりますが、よろしくお願いします』と答えると、

『はい、本物のツジモトさん』とミウラさん。

「わはははははは」

雪鳥小屋のいたずら好きな子どもたち(?)に真剣《しんけん》につきあってくれる大人、トダさんとミウラ

さん、という一幕《ひとまく》だった(図5－15)。

氷河を眺《なが》めながら

二月三日、朝五時に起床。薄曇り、無風。気温氷点下二・〇度。

ペンギンが一羽、水場下の岩の上に立ってガーと鳴いていた。もう一羽、向こうの端《はし》のほうにも立っている。野生のペンギンと静かに朝のあいさつをするという、現実離れした時を過ごせるのも、明日までだ。

今日は南極の野外調査の最終日。雪鳥沢で、昨日見つけられなかったモニタリング地点を新たに見つけたりコケを採集したりしながら、雪鳥池を越え、さらに上流へ歩いていく(図5－16)。

山慣れしたアベさんが先導して氷の壁が現れる所まで登った。ここは大きなラングホブデ氷河の末端《まったん》の一つだ。近くの小高い岩の上に登って休憩する(図5－17)。雄大な氷河の眺めが広がって青空につながっていく。

「スズキさん、ここ南極ですよ〜。南極にいて、今どんな気持ちですか」

図5-16　2月3日の採集品

図 5–17　ラングホブデ氷河を眺める

南極が大好きなツジモトさんが聞いた。アベさんもこっちを見ている。どんな気持ち、か。

「うーん、まぁ、良かった……、かな。ついに来たぞ、念願がかなった！って胸がいっぱいになる気分とはちょっと違うんだけどね」

「えー、そうなんですか」

「ぼくは昔……、もし外国で研究するならばアフリカに行きたいって思ってたんだよ。でもクマムシの研究を始めてデンマークへ行くことになって、いつの間にか南極へ来てしまったって感じ」

「へー」

ここは来たい人が誰でも来られるような場所ではない。そんな所に来ることができて良かった。しかし、私にはまだ自分で見たことのない場所が、外国どころか日本国内でさえ山ほどあり、南極だけが特別ではない、という、少しばかりひねくれた気分があるのだ。

それでも……

「でも、やっぱり……、南極に来られて良かった。うん、本当に良かった」

よく晴れた青空と白い氷河と南極の空気。静かに時間が流れていった。

帰り道にも、定点観察地点を確認しながら谷を降り、雪鳥沢の出口に広がる石ころだらけの明るい平原を横切って歩く。山靴《やまぐつ》が砂利《じゃり》を噛《か》む音を聞きながら、

「ぼくの南極が終わる、終わる……」

と心の中でつぶやきながら歩いた。

図5–18　満月とテント

緑の光線

雪鳥小屋の最後の夕食はすき焼きパーティーで、おいしく飲み、食べ、話す。定時交信も終わって外に出る。二二時過ぎ、快晴の西の空が、あかね色に染まり始める。

そして二二時一三分、すーっと夕陽が沈んでいく。沈みきる間際の一瞬、小さく緑色の光を放出した。グリーンフラッシュ！　緑の光線（口絵32参照）。これを見ると幸福になれるという。言い伝えはともかく、その時私は幸福感に浸《ひた》っていた。

その後、しばらく夕暮れの時間をテントの外で過ごすうちに、テントの向こう、地平線の少し上に満月が浮かんでいるのに気付いた

（図5－18）。

朝のペンギン、グリーンフラッシュ、そして満月。夏が終わって、明日はラングホブデともお別れだ。

第6章 さらば南極

2月4日，ヘリから
見えた「しらせ」

南極のバーにて

二月四日、南極クマムシ調査隊としての野外活動を終えた私たちは、昭和基地へ戻ってきた。ヒゲがぼうぼうで顔は真っ黒けだ。二週間ぶりで風呂《ふろ》に入り、二週間いちども着がえなかったパンツやシャツを洗った。

南極の野外では、最初に九泊、次に一四泊、最後に一三泊、合計三六泊をラングホブデとスカルブスネスの露岩域《ろがんいき》で過ごした。長いようで短い南極の夏だった。

昭和基地越冬《えっとう》隊の宿舎には五六次隊のバー『五十六《いそろく》』が開店した。マスターは越冬隊のドクター(お医者さん)だった。昭和基地に滞在した残りわずかの日々の夜、私やヒラノさんはこの店で飲みながら、色々話し、静かな時間を過ごした。

二月五日 ユリちゃん、サナエさん、今夜は特別に、越冬隊の宿泊棟に泊まっています。一泊だけのお泊まりで、観測隊の調理隊員のおいしい料理を食べました。夏隊の宿舎はとても簡素ですが、越冬隊のほうは豪華《ごうか》で快適です。いろいろな矛盾《むじゅん》を感じる昭和基地の印象です。前次隊との難しい関係や、泥《どろ》だらけの基地。六〇年もヒトが関わり続けると、美しいほどに何もなかった南極が、こんなに汚《よご》れるんだという印象。

自衛隊のヘリコプターが壊《こわ》れて飛べなくなり、最後の段階がどうなるか、よくわからない状況になっています。工事も遅れていて、私は明日と明後日の昭和基地周辺の調査をしたら、あとはナカイ君とツジモトさんにまかせて、設営を手伝おうと思っています。

今、設営の人達はヘリコプターの格納庫《かくのうこ》を作っていて、前のメールで書いたコンクリートはその基礎工事のためのものでした。工事は最長で二月一七日ぐらいまで続けるそうです。でも夏宿《なつしゅく》をいつまでも開けておけない(そろそろ凍結《とうけつ》の危険)ということと、越冬隊の居住棟《きょじゅうとう》の部屋数の問題があるので、昭和基地にいられるのは最短で二月八日らしい。まだよくわかりません。テントで寝ていた日々がなつかしいです。それではまた。パパ

夏の終わり

結局、私たちは二月八日の夕方に「しらせ」へ戻されることとなった。夏宿の排水施設がついに凍結してしまい、ミウラ隊長は環境省のヒラノさんにも確認をとったうえで配管を外した。その際、少量ではあるが、浄化《じょうか》施設を通さない排水がもれ出た。設備を守るため、隊長もヒラノさんも苦渋《くじゅう》の末の決断だった。

もうこれ以上は夏宿を使えない。そのため、夏隊はほんの少人数だけが越冬隊の宿舎に移って設営工事を続けることになり、急に多くの人を撤退させることに決まった。観測系のメンバーは

ほとんどが基地を去る。きのう一日だけ越冬隊宿舎に宿泊させてくれたのは、早く帰る人たちのための特別な計らいというだけでなく、夏宿の問題もあったのだ。

二月六日は本当に寒く、昭和基地周辺の作業では手袋をしていても手が冷たかった。朝七時に氷点下一一・〇度、一一時に氷点下九・〇度、最高気温が午後三時で氷点下六・二度だった。七日朝は少し暖かく、六時に氷点下四・三度だったが、南極の夏が本当にもう過ぎ去ったのを感じた。基地の近くでの作業はまだ残っているが、今日が最後だ。明日は輸送の仕事を手伝って、夕方のヘリコプターで基地を離《はな》れる(図6－1)。

今夜もバー『五十六』で時を過ごす。ここ二日ほどの出来事を話しながら眠ってしまったヒラノさんの目には、涙《なみだ》がにじんでいた。

図6–1　2月6日，帰艦する55次の隊員を見送る

南極でペンキ職人となる

二月七日　ユリちゃん、昨日と今日やっている仕事は、昔から続いている土壌《どじょう》モニタリングで、昭和基地周辺の六〇か所のポイントを探して、土を試験管に採ります。目印がない場所も多く、GPSを持

図6–2　ペンキ職人(提供:中井亮佑)

って、ウロウロと歩き回って探します。宝探しのようですが、あまり楽しい仕事ではないです。それにここには全然コケが生えていません。パパはペンキ職人で、黄色のペンキで目印を塗《ぬ》り直しています(図6-2)。

二月八日　ユリちゃん、昨日は細かい雪が降って、夜からは雪景色になりました。今日のヘリコプターは、朝七時にはまだ様子を見ているところです。私が戻る予定は午後四時半ですが、天気がどうなるかわかりません。これから荷物をまとめて、午前中は物資輸送ですが、これまた雪の都合でどうなるやら。パパ

別れの日

二月八日の午前中、観測隊のベルが二回飛んだ。「しらせ」の大型ヘリは壊れたままで最後の空輸の役には立たない。今のところ雪は降っておらず、沖合《おきあい》の氷の中に「しらせ」もまだ見えている。順調に行けば、私は午後四時半のフライトで「しらせ」に戻る。最長で一六日まで残る予定だった夏隊員も、もしかしたら明日のうちに越冬隊以外の全員が撤収《てっしゅう》することになるかもしれ

ない。めまぐるしい予定変更の連続である。そんなわけで、工事のほうも今日は残りの仕事を進めるのではなく、片付けをやって撤収の準備に入っている。

夏宿の調理場が使用できないので、越冬隊の食堂でおいしい昼食を食べる。午後も輸送の手伝いをしながら、自分たちの順番を待つ。

午後四時半のフライトのため荷物を積み込む。五六次越冬隊の人たちとも、これでお別れだ。普段《ふだん》サングラスをしない私も、今日はかけている。涙が出そうだから。皆と握手《あくしゅ》した。もうさよならなのだ。やはり涙が止まらなくなった。そして、細かい雪が降ってきた。

二月八日(二通目) ユリちゃん、雪が降ってきたため、夕方の便は中止となってしまいました。越冬隊の人たちと涙を流したりした後の「居残り」で笑われてしまいました。でも越冬隊の食堂で、また南極料理人のおいしい晩ご飯が食べられるのでうれしいです。夏の宿舎は寝るためだけに戻ってきます。

帰りの船は、行きよりも長くて一か月以上かかります。早く二人に会いたいです。風邪《かぜ》ひかないように気を付けてくださいね。パパはだいぶん疲《つか》れがたまって、膝《ひざ》がちょっと痛いけれど、元気です。昭和基地では毎朝七時四五分に朝礼があってラジオ体操をしていますよ。それじゃまた。パパ

長い航海ふたたび

私たちは、二月九日の朝八時のヘリコプターで「しらせ」に戻った。船の風呂に入り、洗濯を

する。しかし洗濯物はたいしてたまっていなかった。昭和基地に戻ってから一度も着がえなかったからだ。野外で二週間の「風呂なし着がえなし」に比べたら五日ぐらい全然気にならなかったのだ。こうして、また艦内生活が始まった。

二月一一日　ユリちゃん、「しらせ」からはまだ、昭和基地も、ラングホブデも、スカルブスネスも見えています。午前中はヘリコプターが何度も物資を運びましたが、昼頃からはずっとラミングしています。氷に乗り上げる時にものすごくゆれることがあります。昼ごはんの時には、みそ汁《しる》が危うくこぼれそうになりました。

サナエさん、超多忙《ちょうたぼう》な毎日なのにメール送ってくれてありがとう。帰りの航海中に、リーセル・ラルセン山麓《さんろく》への調査が予定されていますが、これはキャンセルになるかもしれません。どうなるかまだわかりませんが、帰りが遅《おそ》くなることだけはなさそうです。パパ

「しらせ」は二月一一日に多年氷帯《たねんひょうたい》を通過して、分厚い氷も連続してバリバリ割りながら、五ノット(＝時速九キロ)で進んでいく。これまで時速四〇メートルぐらいだったのに比べると、速い速い。と思っていたら止まってしまった。

「この場所で停船して観測隊の帰還《きかん》を待つ」と艦内放送。このまま進むと、昭和基地からの距《きょ》離《り》が遠くなりすぎて、ヘリコプターの最終便を飛ばせなくなるためだ。最終便の予定が早まって

二月一五日頃となった。

二月一二日 ユリちゃん、アザラシ三頭が昼寝をしているところにペンギンがやってきて一緒に昼寝をしました(口絵31)。パパ

二月一三日 ユリちゃん、「しらせ」の金曜日の昼ごはんはカレーと決まっています(図6－3)。今日は午前中に五五次の越冬隊がようやく全員しらせに戻ったので、「越冬カレー」でした。ゆで卵とクリームコロッケが付いてた。今日は特別寒くて、冷たい空気。朝、蜃気楼《しんきろう》がものすごくて、遠くの氷山《ひょうざん》やラングホブデの山が変な格好になっていて、目がおかしくなったかと思いました。パパ

図6-3　金曜日はカレー

二月一五日 ユリちゃん、こちらは今、昼ごはんが終わったところです。ぶた肉のローストにトマトソースがかかったのを食べました。この後、午後二時から三時にかけてヘリコプターが飛んで、昭和基地に工事で残っていた人達一四名が戻ってきます。これで夏隊の全員が戻ります。今夜からはいよいよ帰りの航海が本当に始まります。あと四週間足らずでオーストラリアです。船の上では運動不

足になるので、時々三〇〜四〇分ぐらい、甲板《かんぱん》の上を走ったり歩いたりしています。パパより

最後まで残っていた夏隊員一四名の全員が帰艦した。ベルに一度に一四名も乗ってきたので驚いてしまった。こうして、五六次越冬隊の代わりに五五次越冬隊の全員と、私たち夏隊を乗せて、「しらせ」は本格的な帰路航海を開始した。今回は南極大陸上で、海上自衛隊の士官一人が急病のため亡くなるという不幸があったため、帰りの航海中に予定されていた調査はほとんど中止となり、一路オーストラリアを目指すことになった。

二月一六日 ユリちゃん、今日は雪で視界が悪く、昼前に船が止まってしまいました。レーダーで氷山がどこにあるかわかるんだけど、目で確認できない時には航行しないのです。パパより。

二月一七日。朝四時五五分、船のエンジンが始動する音で目が覚めた。そして五時ちょうど、砕氷《さいひょう》航行が再開された。目が覚めてしまったので、これから書かねばならない南極観測の報書の、細かく規定された書式を眺《なが》めていると、本日の当直が人員確認にやってきた。それに応じたついでに、外に出て海を眺めた。雪で視界があまり良くない。まだしばらくは氷海《ひょうかい》が続くように思われた。しかし六時過ぎ、なんと、もう氷海を抜け出してしまった。

いきなり船がゆれだした。
天気は雪。もう、ペンギンと会うこともない。
さよなら、ペンギン。
さよなら、南極。

氷山とワタリアホウドリ

あとがき

東京の立川市にある国立極地研究所。その一室に何台かの実体顕微鏡《じったいけんびきょう》が並べられ、若手の分類学者たちが和気藹々《わきあいあい》とおしゃべりしたり、時々「うおーっ、$※#発見！」と奇声を発したりしながら、にぎやかに仕事をしている。彼らが調べている試料は、私が南極の海岸で採ってきたものだ。私も一緒に顕微鏡のレンズを通した世界を観察し、センチュウなどの小さな生物を確認しながら、あの南極の海岸の、静まりかえった空気を思い出していた。

帰りの航海も長かった。ゆれる船室で眠気と闘いながら、観測隊への報告書を書き終えた後は、南極とは別件の論文書きをしたり、艦上体育《かんじょうたいいく》(ジョギング)やミズタニさんの指導で体を鍛《きた》えたり、あちこちの船室でビールを飲んだりして過ごした。艦上でオーロラを見る機会は三度あった。そして二〇一五年三月九日、「しらせ」はフリーマントル港に入った。

クマムシ調査隊の南極遠征はこうして終了したのだが、研究は始まったばかりだ。海岸試料からは、センチュウ分類学者の嶋田大輔さんにより、少なくとも一二種のセンチュウが見つかり、そのうち一つはすでに新種として命名された。その他は、まだほとんどが極地研で眠ったままだ。

ところで、三〇年以上も凍《こお》ったまま眠っていたクマムシが蘇生《そせい》した、というニュースが二〇一六年に世界を駆《か》け巡《めぐ》った。その眠り姫を目覚めさせた辻本惠《めぐみ》さんは、もちろんツジモト隊員だ。このクマムシは、一九八三年一一月六日に、第二四次越冬隊《えっとうたい》の神田啓史《ひろし》・極地研名誉教授（ツジモトさんの大師匠《ししょう》）が雪鳥沢《ゆきどりざわ》で採集したコケの中で眠っていた。辻本さんはそれを二〇一四年五月七日に解凍し、見事に蘇生させたのだ。私たちの採集品からは、今後どんなクマムシが出てくるか楽しみだ。インホブデのオニクマムシにも、早く名前を付けなければ……。

本書を書くにあたり、まず第五六次南極地域観測隊の隊長（兼夏隊長）の野木義史《よしふみ》さんをはじめ、一緒に旅したすべての仲間に感謝します。三浦英樹さん、平野淳《じゅん》さん、中井亮佑《りょうすけ》さん、辻本惠さん、伊村智さんには、原稿を読んで頂き、貴重な助言を賜りました。完成まで声援を続けてくださった岩波書店の塩田春香さんと制作チームの方々にも感謝！　そして家族にも。当時まだ小学一年生だったユリは最初の読者でした。サナエさん、私が南極に行っている間「食費がかからなくて良かった」というエスプリの効いた感想をありがとう。

令和元年（二〇一九）五月吉日

鈴木　忠

鈴木 忠

1960年愛知県生まれ．小2の夏，わずか数時間，海の潮だまりで遊んだ．そのワクワク感を今も思い出す．昆虫採集，植物採集，石ころや化石，カエルやサンショウウオ，読書．いつもおもしろいことを探していた．名古屋大学で昆虫の脱皮と変態を研究．浜松医科大学生物学教室を経て1991年から慶應義塾大学生物学教室に所属．2000年よりクマムシをめぐる自然誌研究を続ける．デンマークへ1年間留学し，動物学博物館で海産クマムシの卵形成を研究しつつ『クマムシ?!—小さな怪物』(2006年，岩波科学ライブラリー)を執筆．何がやりたいのか，自問しつつ，ゆっくりクマムシ研究を続けている．まだまだ，やりたいことが多すぎる．

クマムシ調査隊、南極を行く！　岩波ジュニア新書 899

2019年6月20日　第1刷発行

著　者　鈴《すず》木《き》 忠《あつし》

発行者　岡本 厚

発行所　株式会社 岩波書店
〒101-8002 東京都千代田区一ツ橋 2-5-5
案内 03-5210-4000　営業部 03-5210-4111
ジュニア新書編集部 03-5210-4065
https://www.iwanami.co.jp/

印刷・精興社　製本・中永製本

ISBN 978-4-00-500899-5　　Printed in Japan

岩波ジュニア新書の発足に際して

きみたち若い世代は人生の出発点に立っています。きみたちの未来は大きな可能性に満ち、陽春の日のようにひかり輝いています。勉学に体力づくりに、明るくはつらつとした日々を送っていることでしょう。

しかしながら、現代の社会は、また、さまざまな矛盾をはらんでいます。営々として築かれた人類の歴史のなかで、幾千億の先達《せんだつ》たちの英知と努力によって、未知が究明され、人類の進歩がもたらされ、大きく文化として蓄積されてきました。にもかかわらず現代は、核戦争による人類絶滅の危機、貧富の差をはじめとするさまざまな人間的不平等、社会と科学の発展が一方においてもたらした環境の破壊、エネルギーや食糧問題の不安等々、来るべき二十一世紀を前にして、解決を迫られているたくさんの大きな課題がひしめいています。現実の世界はきわめて厳しく、人類の平和と発展のためには、きみたちの新しい英知と真摯《しんし》な努力が切実に必要とされています。

きみたちの前途には、こうした人類の明日の運命が託されています。ですから、たとえば現在の学校で生じているささいな「学力」の差、あるいは家庭環境などによる条件の違いにとらわれて、自分の将来を見限ったりはしないでほしいと思います。個々人の能力とか才能は、いつどこで開花するか計り知れないものがありますし、努力と鍛錬の積み重ねの上にこそ切り開かれるものですから、簡単に可能性を放棄したり、容易に「現実」と妥協したりすることのないようにと願っています。

わたしたちは、これから人生を歩むきみたちが、生きることのほんとうの意味を問い、大きく明日をひらくことを心から期待して、ここに新たに岩波ジュニア新書を創刊します。現実に立ち向かうために必要とする知性、豊かな感性と想像力を、きみたちが自らのなかに育てるのに役立ててもらえるよう、すぐれた執筆者による適切な話題を、豊富な写真や挿絵とともに書き下ろしで提供します。若い世代の良き話し相手として、このシリーズを注目してください。わたしたちもまた、きみたちの明日に刮目《かつもく》しています。(一九七九年六月)